小数据之美

精准捕捉未来的商业小趋势

陈辉 / 著

中信出版集团｜北京

图书在版编目（CIP）数据

小数据之美：精准捕捉未来的商业小趋势 / 陈辉著
. -- 北京：中信出版社，2019.4
ISBN 978-7-5086-9282-1

Ⅰ . ①小… Ⅱ . ①陈… Ⅲ . ①数据处理 Ⅳ .
① TP274

中国版本图书馆 CIP 数据核字〔2018〕第 167255 号

小数据之美——精准捕捉未来的商业小趋势

著　者：陈　辉
出版发行：中信出版集团股份有限公司
　　　　　（北京市朝阳区惠新东街甲 4 号富盛大厦 2 座　邮编　100029）
承 印 者：北京通州皇家印刷厂

开　　本：787mm×1092mm　1/16　印　张：20　　字　数：200 千字
版　　次：2019 年 4 月第 1 版　　印　次：2019 年 4 月第 1 次印刷
广告经营许可证：京朝工商广字第 8087 号
书　　号：ISBN 978-7-5086-9282-1
定　　价：59.00 元

序言

在数据的江湖里，既有波澜壮阔的大数据（Big Data），也有微波涟漪的小数据（Small Data），二者相辅相成，才能相映生辉。目前大数据流行，人们就言必称大数据，这不是做学问的态度，不要碰到大量的数据，就给它戴上一顶"大数据"的帽子。大数据体现出规律，小数据蕴含着智慧，它们都闪烁着理想之光。

古人云："圣人见微知著，睹始知终。"道家的一部重要著作《淮南子·说山训》中说："以小明大，见一叶落而知岁之将暮，睹瓶中之水而知天下之寒。"意思是说，看见一片落叶，就知道秋天来临；看到瓶中水结冰，就知道天气的寒冷程度，这是对见微知著的形象比喻。

吴甘沙先生用《一代宗师》的台词来比拟大、小数据的区分，倒也甚是恰当。他说，小数据"见微"，作个人刻画，可用《一代宗师》中"见自己"形容之；而大数据"知著"，反映自然和群体的特征和趋势，可用《一代宗师》中的"见天地、见众生"比喻之。

大就是大数据，就是全量数据；小就是小数据，就是个体数据。所以，对于数据科学，我们必须在把情况搞清楚的基础上懂得哪些是大、哪些是小，知道怎样处理大小辩证关系，才能在具体数据应用中做到抓大放小、以大兼小，以小带大、小中见大。在研究小数据时，要以大兼小、以小见大，必须考虑目标的正确性、可操作性和决策的科学性、可行性。在研究大数据时，要抓大放小、以小带大，既要考虑整体共性，又要注重个体特征。这样，在数据应用中，大能与小数据量化的自我保持高度一致，小能与大数据预见的未来保持一致，既不能见小不见大，也不能见大不见小。对于数据科学，从数据中来，到数据中去，既要见大，也要见小，以小带大、小中见大，才能真正用好数据。

当认知科学领域发生"天翻地覆"的变化时，我们的未来又会是怎样？认知革命，特别是"真相时代"的到来，"预测"将被"预见"取代，那么，"预见未来"将不再是遥远的星辰。如果认知科学的本质是计算科学，那么，"大数据"和"小数据"争夺所谓"大小"的"江湖地位"意义何在？但我们需要觉悟的是：此"数据"非彼"数据"。面向未来，"大数据"和"小数据"将开启一个"全新故事"，一个"预见未来"的故事。

是为序。

中央财经大学保险学院院长　李晓林
2018 年 3 月于北京

前　言

　　"忽如一夜春风来，千树万树梨花开。"似乎在一夜之间，大数据就红遍了南北半球，在神州大地更是一时风头无二。与此同时，大数据也被神化得无处不在，无所不包，无所不能。这里面有认识上的原因，也有跟风的成分。我们以为，越是在热得发烫的时候，越是需要有人在旁边吹吹冷风。在这里谈谈小数据的重要性、预测态、未来式，并非要否定大数据的价值。相反，只有我们充分认识了小数据的特点和应用，才能更好地利用大数据，才能通过小数据和大数据的互补，更好地展现数据之美、数据之道、数据之魅、数据之巅。

　　数据本无大小，但应用场合、处理方式的不同却分出大小。数据表示的是过去，但表达的是未来，所以应用数据不仅需要全量数据，也需要样本数据；不仅要了解相关性，更要明白因果关系；不仅要预见未来，更要量化自我。这就迫使我们从更广泛的角度理解小数据，梳理小数据与大数据的分野，从而将相关思路投射、印证于小数据，考察其核心特点和应用特质。除传统统计学以外，人工智能、复杂系统等技术的发展，小数据也能学习，小数据也能复杂化，小数据远比我们想象的要强大。这本书主要通过一些小案例来理解小数据之美，如中医的"望闻问切"、保险的"大数法则"、军事的"战略与战术"、信用的"能力与意愿"、生态的"小环境与大环境"、企业的"账面与实际"、教育的"应试教育与素质教育"等，进而揭示数据的局面变化、逻辑更新、未来演进。

传统思想要求我们"知己知彼，百战不殆""运筹帷幄，决胜千里""抽丝剥茧，明察秋毫"，互联网思维要求我们"精简""取舍""极致""专注"，偶尔也思考"黑天鹅""灰犀牛"，但大多数时间都沉陷于"大数据"和"大数据时代"。我们迫切需要一点新的思路、新的视角，我们需要更系统、更强大的小数据，我们需要更全面地理解小数据。重新审视我们的时代。小数据，尽管仍笼罩在迷雾中，但已经开始在我们脑海中浮现出其整体的轮廓，这就是我们选择写《小数据之美》的初衷，也是我们选择写《小数据之美》的本义。

本书由陈辉编著，中央财经大学硕士研究生李明子、李冰，招商银行易斯琪，央财国际研究院特约研究员庞博参与了本书主要章节的资料整理，由陈辉统一修改定稿。

本书在编写过程中，参考了国际国内的相关著作、论文、报告和案例，中央财经大学中国精算研究院的多位专家学者提出了许多有益的修改意见，在此一并表示感谢。由于时间紧迫和编者水平有限，书中疏漏、错误之处在所难免，敬请读者批评指正。

中央财经大学中国精算研究院　陈辉博士

2018 年 3 月于北京

目 录

第一章

小数据时代的到来

一、小数据之蜕变

（一）小数据的成长之路

在过去的几个世纪里，以抽样数据为特征的小数据研究使自然科学、社会科学和人文科学的发展取得了跨越式的进展。小数据的成长过程可以分为两大阶段：数据的产生与科学数据的形成。在此基础上，大数据悄然诞生。

数据起源于古人对事物的"多"或"少"的认识。从中国古代的结绳记事、苏美尔人的串珠计数，到古埃及的十进制象形文数字、古巴比伦的六十进制数字，再到中国商朝的甲骨文数字、唐代的汉字数字，最终到后来的罗马数字、阿拉伯数字，逐步实现了数的抽象性和可计算性。而量赋予了事物的测度和比较标准的语言，它是能体现事物内在本质特征以及事物之间差异程度的一种载体，包括量的规模、关系、变化、界限与规律。从数到数据的发展过程，客观反映了人类认识事物本质属性的必然过程。如果说抽象的数的分析产生了数学，那么有计量单位的数据分析则产生了统计学。相应地，统计学中所使用的就是传统意义上的小数据。

随着对数据需求的增加，以及收集与运用数据经验的不断积累，人们在科学研究的过程中逐渐形成了能够科学使用的小数据——科学数据。科学数据是人们用以探求现象变化规律或验证已有理论假设的数据，数据收集的方式主要是观察、测量和实验。科学数据的特点是科学设计、可重复获得、相对精确和具有共享性，它不仅提高了人类认识事物的精确性，而且逐步形成的数学化思维与方程表达式使人类解决了不同物理量之间的数值关系表达问题，从而为人类开展相关事物之间的定量研究提供了途径。自然哲学家开普勒通过对第谷天文观察数据的使用，推导出了行星运动三大定律；伽利略通过对地球表面物体运动数据的测量，发现了自由落体运动规律；牛顿利用大量的天文观察数据和实验测量数据，创立了牛顿力学体系。

当然，在自然科学对数据进行科学研究的同时，社会科学也同样对数据进行了科学范式的研究，并发现了如平均人、恩格尔系数、基尼系数、经济周期等定律。

（二）小数据 2.0 的诞生

传统意义上的小数据因其数据体量的窄小、抽样采集方式的传统而得名，其实质是通过目前主流统计工具在合理时间内采集、存储、处理的数据集。经典的数理统计和数据挖掘知识，可以较好地解决这类问题。而大数据时代下的小数据，是一类新兴的数据，它是指需要新的应用方式才能体现出具有高价值的、个体的、高效率的、个性化的信息资产。

小数据 2.0 下的定义并不是指数据量小，而是围绕个体的全方位数据及其配套的收集、处理、分析和对外交互的综合系统。个体产生的数据，包括生活习惯、社交行为、财务状况等，全部被各种智能设备或传感器收集和利用并进行分析，并对外形成一个富有个人色彩的数据系统。小数据范畴下的个体，不仅仅包括自然人个体，还包括一切具有完整内部环境的个体，如家庭、企业、学校、医院、生态环境等。通俗来讲，以我们每个人为例，小数据能够观察个体行为如发送电子邮件、短信或推特，购物或锻炼，步行上班还是乘车上班，在家看电视剧还是看电影，或者在跟 Amazon Echo（亚马逊公司研制的一款智能音箱）对话等。这些痕迹反映了我们是谁、在哪、和谁、做什么。通过数据整合，以可视化的方式让你能够更了解你自己。

因此，小数据又被称为"量化的自我"，目的与大数据相同，提供个体决策的依据。虽然小数据迄今为止的应用还十分简单，但小数据若与智能时代的各项新技术相结合，它能提供的信息将远不止于此。

（三）小数据的时代表征

（1）具有鲜明的个体独特性

小数据是围绕个体用户所感知的数据集合，体现了较高的数据价值密度，具有鲜明的个体独特性。不同层次的个体用户如企业层次和个人层次，其数据广度和深度大相径庭；同一层次的个体用户，其行为特征同样具有一定的特异性，这导致涉及的小数据集也各不相同。即使对于同一个事件，不同的个体用户由于所处环境、学习背景、认知能力、思维方式不同，其产生的行为方式也是不同的。这也决定了小数据的个体独特性。而这一特征恰好为获取用户的个性化需求创造了条件。

（2）具有复杂多样的数据特性

随着高性能传感器、可穿戴设备等智能产品和嵌入程序的广泛普及和运用，这些设备所产生的数据类型体现出广泛的半结构化和非结构化特征，并且随着时间的推移以及个体用户活动范围的扩大，其产出的数据量也在逐渐增多，从而进一步加剧了数据的复杂性。另外，在 2.0 时代，小数据已经不拘泥于传统观念中为了解决特定的问题才去收集、分析、处理指定的相关数据的内涵，而是来到了针对特定个体进行数据生产的阶段。从这个角度来讲，小数据与大数据兼具预测功能，只不过预测的视野和方式有所区别，这种"预测"也体现了小数据复杂多样的数据特性。此外，个体在日常的生活、学习和工作中，其自身产生的数据内容也具有多样性，如视频数据、图片数据、文本数据等，同时这些数据集具有一定的主观性、离散性和随机性。

（3）具有高度的实时动态性

具有高度的实时动态性是由于对个体的感知和监控是全天候、全方位的，因此小数据的获取和收集也是实时更新、动态存储的。对于同一个体用户而言，在不同的时间，其所处的情景状态是不一样的，从而使小数据集合具有动态性和不确定性。另外，个体用户所承担的任务和遇到的问题也是不断变化的，用户的需求行为随之变化，这也将促使小数据集合的实时变动。

（4）具有明显的人机交互性

1.0 时代，小数据无需强调个人的表达需求，而更关注样本对总体的代表性以及对所研究的科学问题的解释程度。2.0 时代，小数据可以以两种方式走进我们的生活：第一种是人为采集小数据，这个层面上的小数据是消费者与采集者分享的有关其独特偏好的微数据，比方说他们订阅哪些报纸、青睐哪家餐厅以及他们在旅行时喜欢去哪些地方，通过人工对数据进行理解和加工；第二种则是通过各类智能设备和传感设备采集个体的所有数据，这个层面上的小数据带有很明显的人机交互性，需要机器系统以适当的方式回应不同风格的用户。

二、小数据之崛起

图像、语音、文本、情绪成为近两年最热门的概念，所谓需求驱动市场，市场驱动技术发展。在现在的人工智能时代，"快速""准确""语义"才能火，而图像、语音、文本、情绪也从过去的大数据概念往更高深的小数据技术领域前进，智能的语音识别、图像识别、文本识别、语音情绪识别将走进普通人的生活中，它们将会有哪些值得我们期待的动作，让我们所见所听的世界变得生动起来呢？

（一）图像识别

图像识别技术是当前人工智能的一个重要领域，它取决于三个要素：算法、大数据和应用场景。

目前来看，图像识别从以图搜图到明星、物体识别，再到场景识别，甚至现在延伸到了视频领域，给行业带来了太多惊喜。现在图片内容的价值已经超越图片本身，并且建立了从图片到电商的商业模式。图像识别一般针对画面中的一个对象做识别，比如，大众熟知的人脸、明星脸等识别技术已经很成熟了，基本识别率可以达到 90% 以上。近年来，服饰品牌的同款识别和风景识别也很流行，为旅游行业和服饰行业创造了商机。图像识别在视频领域也体现出强大的应用前景，新兴起的互动视频技术 Video++ 已经能实现视频中的人脸和服饰同款的识别，可以基于图像识别技术发展视频中的商业场景。另外瞳孔识别的研究已经提上日程，相信在不久的将来，科幻片中所见即所得的情景不再是幻想。

但是，图像识别技术在真实应用场景中并没有你想象中的那么好，识别错误率依然很高。这是因为现有的图像识别技术主要基于统计学原理，依靠分析视觉数据的特性，借助统计学建模等数学分析方式提取出来，最后应用到图像中。这种图像识别技术，一方面实现的门槛比较高，对图像类型、质量等都有一定要求，我们提供的图片光线、像素、角度等问题都会造成识别不准确；另一方面，小数据特征在统计模型中往往是被忽略掉的，而这些小数据特征有时又是整个图像中最关键的特征。所以目前图像识别技术还仅作为我们的辅助工具存在，为我们自身的人类视觉提供强有力的辅助和增强，带给我们一种全新的与外部世界进行交互的方式，应用也基本局限在个别刚需的垂直专业领域，比如，医疗成像分析的疾病预测、安防监控领域的嫌疑人指认等。而在其他领域，如车险理赔领域，仍被当作一个另类来看待。

2017 年 6 月，蚂蚁金服在北京发布了继"车险分"之后的另一款车险产品——"定损宝"。有媒体解读说，"定损宝"的到来，会让查勘员彻底失业。

蚂蚁金服给出的定义是——"定损宝"应用了深度学习图像识别检测技术，用 AI（人工智能）充当眼睛和大脑，代替定损员的技能与工作，通过部署在云端的算法识别事故照片，与保险公司连接后，在几秒钟之内就能给出准确的定损结果，包括受损部件、维修方案及维修价格。

当我们用 App（应用程序）拍摄事故车照片时，App 可以实现对图像的自动识别，判断你拍的是什么配件。由于采用了人工智能技术，它可以分析这个配件是否损坏，并且根据数据库中的价格，自动给出这个配件喷漆和钣金的价格。

但是，这款号称基于汽车外观配件的大数据图像识别产品，实际上只能解决车辆外观剐蹭的事故定损，而涉及车内配件的损失、人伤事故、虚假赔案等事故场景，其实都解决不了。而在车险理赔中，事故原因、车内受损程度、人员伤残等级等小数据因素，往往才是案件最关键的部分。所以当"定损宝"这款产品发布后，立即就被许多保险业界理赔人士"吐槽"，要想通过图像识别技术改变保险理赔，还为时过早。

实际上，虽然图像识别技术距我们实际应用要求还有很长一段路要走，但如果图像识别技术能够将大数据因素与小数据因素结合考虑，利用小数据找到图像中的关键信息，让机器真正具有了视觉，它们完全有可能代替我们去完成这些工作。未来的图像识别技术，也一定能够在更多应用领域中取得实质性的突破。可如果图像识别技术无法解决小数据的问题，一切所谓的图像精准识别仍将是空谈。

（二）语音识别

与机器进行语音交流，让机器明白你在说什么，这是人们长期以来梦寐以求的事情。语音识别技术就是让机器通过识别和理解过程把语音信号转变为相应的文本或命令的技术。

语音识别技术起源于 1952 年，但真正进入消费市场已经是 20 世纪 90 年代的事了。目前语音识别有两大发展方向，一是纯机械指令，基于产品定位而设计命令词组，作为高效的辅助工具存在，可以理解成是小数据；一是智能化理解语境，是人工智能的一个分支，与人进行互动交流，并承担部分处理工作，也是目前语音识别发展的主要方向，可以理解成是大数据。

从实际应用来看，两者并不冲突。简单精准的机械指令让工作更为纯粹，没必要做多余的计算动作。而很多智能设备将语音作为"解放双手"的第三类互动形态，就需要对人的语境进行"理解"，相信很多朋友都玩过 Siri（苹果手机上的智能语音控制功能）、GoogleNow（谷歌开发的智能语音服务应用）、Cortana（小娜，微软开发的个人智能助理），同时也体验过这些语音助手"会错意"的卖萌行为。罗永浩在 2016 年坚果发布会上曾说所有语音助手都是"伪"智能，虽然有点以偏概全，但目前语音对语境的识别确实还不够智能，远不如机械指令有效率。

目前主流的语音识别技术是基于统计模式识别的大数据基本理

论。一个完整的语音识别系统可大致分为三部分。

（1）语音特征提取：其目的是从语音波形中提取出随时间变化的语音特征序列。

（2）声学模型与模式匹配（识别算法）：声学模型通常将获取的语音特征通过学习算法产生。在识别时将输入的语音特征同声学模型（模式）进行匹配与比较，得到最佳的识别结果。

（3）语言模型与语言处理：语言模型包括由识别语音命令构成的语法网络或由统计方法构成的语言模型，语言处理可以进行语法、语义分析。对小词表语音识别系统，往往不需要语言处理部分。

声学模型是识别系统的底层模型，并且是语音识别系统中最关键的部分。声学模型的目的是提供一种有效的方法以计算语音的特征矢量序列和每个发音模板之间的距离。声学模型的设计和语言发音特点密切相关。声学模型单元大小（字发音模型、半音节模型或音素模型）对语音训练数据量大小、系统识别率，以及灵活性有较大的影响。必须根据不同语言的特点、识别系统词汇量的大小决定识别单元的大小。

语言模型对中、大词汇量的语音识别系统特别重要。当分类发生错误时可以根据语言学模型、语法结构、语义学进行判断纠正，特别是一些同音字则必须通过上下文结构才能确定词义。语言学理论包括语义结构、语法规则、语言的数学描述模型等有关方面。目前比较成功的语言模型通常是采用统计语法的语言模型与基于规则语法结构命令的语言模型。语法结构可以限定不同词之间的相互连接关系，减少了识别系统的搜索空间，这有利于提高系统识别精确性。

语音识别过程实际上是一种认识过程。就像人们听语音时，并不把语音和语言的语法结构、语义结构分开，因为当语音发音模糊时人们可以用这些知识来指导对语言的理解过程，但是对机器来说，识别系统也要利用这些方面的知识，只是如何有效地描述这些语法和语义还有困难：①小词汇量语音识别系统，通常包括几十个词的语音识别系统；②中等词汇量的语音识别系统，通常包括几百至上千个词的语音识别系统；③大词汇量语音识别系统，通常包括几千至几万个词的语音识别系统。这些不同的限制也确定了语音识别系统的困难度。

可见，即便在语音识别的大数据统计模式中，语音识别关键提取的数据其实还是小数据。而且在语音识别中，很多时候我们没有那么多大数据，这时我们又该怎么办呢？

此时要想解决这些问题，基本的思路就是共享，用小数据实现大数据的功能。现在的语音识别基本是这个样子的，整个一套系统不再有那么多复杂的模块，基本是由神经网络负责从语音信号端到说话内容端的学习。那么我们一方面需要将语音的、文本的各种小数据信息集成在一起，放到大数据里一起进行更有效的共享学习；另一方面非监督学习是间接利用语音大数据的有效工具，我们只有利用好这些工具，才能将现阶段所拥有的小数据与大数据结合起来，使小数据到大数据的学习成为可能。

（三）文本识别

文字是承载人类千年文明的符号，是祖先留给我们的遗产，凭借它我们可以回溯历史上发生的事情，丰富我们当下的思想，把握时代的命脉。在信息时代的今天，文字也越来越多地存在于各类图像之中，如何便捷高效地获取其中的文字信息，有着非常重要的时代意义。

文字识别（文本识别）是利用计算机自动识别字符的技术，是模式识别应用的一个重要领域。文字识别一般包括文字信息的采集、信息的分析与处理、信息的分类判别等几个部分。文字识别可应用于许多领域，如阅读、翻译、文献资料的检索、各类证件的识别、信件和包裹的分拣、稿件的编辑和校对、大量统计报表和卡片的汇总与分析、银行支票的处理、商品发票的统计汇总、商品编码的识别、商品仓库的管理，以及水、电、煤气、房租、人身保险等费用的征收业务中的大量信用卡片的自动处理和办公室打字员工作的局部自动化等，方便用户快速录入信息，提高各行各业的工作效率。

目前，OCR（Optical Character Recognition，光学字符识别）技术被认为是文本识别最有效的技术方式，它是通过扫描等光学输入方式将各种票据、报刊、书籍、文稿及其他印刷品的文字转化为图像信息，再利用文字识别技术将图像信息转化为可以使用的计算机输入技术。其诞生20多年来，经历了从实验室技术到产品的转变，目前已经步入行业应用开发的成熟阶段。

文字识别常用的方法有模板匹配法和几何特征抽取法。

（1）模板匹配法。采用的是大数据算法，将输入的文字与给定的各类别标准文字（模板）进行相关匹配，计算输入文字与各模板之间的相似性程度，取相似度最大的类别作为识别结果。这种方法的优点是用整个文字进行相似度计算，所以对文字的缺损、边缘噪声等具有较强的适应能力。缺点是当被识别类别数增加时，标准文字模板的数量也随之增加。这一方面会增加机器的存储容量，另一方面也会降低识别的正确率，因此只适用于识别固定字形的印刷体文字。

（2）几何特征抽取法。采用的是小数据算法，通过抽取文字的一些几何特征，如文字的端点、分叉点、凹凸部分以及水平、垂直、倾斜等各方向的线段、闭合环路等，根据这些特征的位置和相互关系进行逻辑组合判断，获得识别结果。这种识别方式由于利用结构信息，也适用于手写体那样变形较大的文字。

目前来看，文字识别对于标准的字体识别准确率较高，但对于一些特殊字体仍无法准确识别。小数据或许可解决这个问题。在小网格背景下，我们可以将每个数字、英文字符、特殊符号看成一个笔画模式或笔画组模式，然后以每一个独立笔画为单位，找出每个笔画相对关系的数学计算与表达规律，调整约束方法，模糊角度范围，形成一种特殊的算法，以提高特殊字体文字的识别准确度。

（四）情绪识别

情绪识别，是一种判断人的情绪变化的技术，主要是通过收集人的外在表情和行为变化，对人的心理状态进行推断。在现代社会，情绪识别技术已经被广泛应用于智能设备开发、健康管理、广告营销等方面。

成立于 2009 年的一家美国公司，能通过摄像头捕捉、记录人的面部肌肉运动，并根据算法模型，分析面部表情，得出情绪的相关结论。这种情绪识别技术，是以图像识别为基础，可以帮助广告商分析广告效果，找出消费者真正感兴趣的部分。2012 年美国总统大选时，该团队用此技术追踪了 200 多人观看奥巴马和罗姆尼辩论时的表情。结果显示，这款软件预测选民投票结果的正确率高达 73%。

2012 年，以色列的一家公司发明了一系列语音识别算法，可以根据说话方式和音域变化，分析出愤怒、焦虑、幸福或满足等情绪。心情的细微差别也能被精准检测。迄今为止，该算法可以分析出 11 个类别的 400 种复杂情绪。2013 年，英国的一家初创企业，也为此专门研发了一种语音识别平台，能通过分析音调，监测用户情绪。目前，该系统可识别 5 种基本情绪：高兴、悲伤、害怕、愤怒以及无感情。识别准确率为 70%~80%，超过了人耳识别的平均水平。当然，该系统距离识别出反感、讽刺等更复杂的情绪，还有一定差距。不过从商业角度考虑，5 种基本情绪已然够用。

2014 年，加拿大的一家公司开发了一款基于云计算的人工智能文本分析工具，能对电子邮件、网页文档和手机短信进行情感色彩分析，以确定措辞是否如实表达了使用者的思想甚至情感。

2017 年，麻省理工学院计算机和人工智能实验室的研究人员，开发了一款可穿戴的应用程序，使用时，只需将应用程序安装在健康追踪器上，就能自动收集使用者的身体和语音数据，通过使用人工智能，感知使用者的心跳和语音腔调，以此判断使用者是高兴还是悲伤，并每隔 5 秒就会追踪情绪变化。

情绪识别系统之所以可以识别人的情绪，一方面是基于其庞大的情绪数据库，毕竟计算机要对一种复杂的现象做出判断就离不开大数据；另一方面也依赖于对小数据特征的提取，通过捕捉面部表情、语音腔调、脉搏心跳等典型特征，通过分解、组合并赋予不同的代码，计算机系统就可以进行精确的识别了。

三、小数据大潜能

（一）小设备解读大自我

人，是一切数据存在的根本，人的需求是所有科技变革发展的动力。如何从内而外深入地解剖自我将是数据革命下一步的深刻命题。既然要用数据手段解读复杂的个体外在表达形式和内在运作机理，首先就要将自我以多个维度进行量化。

量化自我（Quantified Self），是"运用技术手段，对个人生活中有关生理吸收（Inputs）、当前状态（Status）和身心表现（Performance）等方面的数据进行获取"。狭义的量化自我指与个体日常生理活动、状态直接相关的量化和监测过程——通过便携式传感器和智能设备等技术手段，来追踪和记录运动、睡眠、饮食等个体行为的情况，通过各种数据指标来研究、分析自身，主要有日常记录、运动追踪、睡眠管理、情绪监测、机能监测五个方面。广义的量化自我绝不仅限于身体和健康领域，还包括个体的日常生活习惯、行为、认知等探索个体生活的量化客体。如记录夫妻关系、学习、孩子的情况、身体以及房子情况等。我们每天通过个人计算机、智能手机、信用卡等不断产生文字、照片、声音、视频、地理位置和消费记录，都是在构成个体的数据世界，个体把对自我的了解变成个人数据库。在小数据体系下的量化自我，可以包含多层次数据，如表1-1所示。

表1-1　小设备解读大自我

健康数据 ——关于人体机能与状态	身体特征、运动过程、饮食习惯、情绪数据等
	病历、身高、体重、血液、心脏、呼吸、睡眠、热量摄取和消耗、情绪
认知数据 ——关于个体性格、认知规律	性格特点、兴趣爱好、社交网络行为、语义习惯等
	经历、言论、照片、视频、标签、兴趣组、访问记录、社交关系
消费数据 ——关于个体消费行为与习惯	交易行为、金融财务状态、税务与社保数据等
	存款、股票、资产、投资、信用卡记录、电子消费记录、纳税与社保记录
环境数据 ——关于个体与物理环境互动	天气、位置、通信数据等
	LBS（基于位置服务）记录、天气记录、驾驶数据、航班记录、通信记录、旅行记录

从微观上看，随着微型传感器等小设备和智能移动技术的发展，对自我的解读将不仅仅局限于上述几类数据，人们对自我的解读也不完全依赖于智能穿戴设备所感知到的各项指标。对于个体发展来说，更为重要的是丰富认识自我、理解自我、批判自我并最终原谅自我、认同自我的过程和角度。这些小设备，在技术层面可以监测并预防个体患上情绪病的概率。在生命这场声势浩大的人海拾荒中，又可以陪伴个体度过开心、苦楚甚至万分艰难的时光，并且感知、温暖我们的内心，排解个体无可遁逃的孤独感，使我们更豁达地走向沧海之阔。

从宏观上看，当个体的量化自我行为成为一种普遍的社会实践之后，所谓的大数据（普适计算网络），就是把世界划归为两类数据，一类是自然数据，另一类是社会数据，而社会数据即是由无数的个体数据库构成的量化自我的计算网络——一个包罗万千的社会数据网络。

（二）小细节解锁大问题

小数据这把金钥匙难找，因为它们基本上是弱信号，出现的频率低，往往埋没在偏差值中，容易被忽视。同样难的是，它们过去没有规律性地出现过，对不熟悉的现象，人们心理上错把它们当作不大可能的现象。因此，决策时人们容易把弱信号当作背景噪声过滤掉。

在经济全球化的背景下，过去一年"黑天鹅"频飞。"黑天鹅"比喻小概率而影响巨大的事件，警惕"黑天鹅"需要企业加强风险管控，展开压力测试，最大限度避免"黑天鹅"事件对企业的伤害。这毫无疑问需要对企业内部小数据进行整合运用。

但是，相比于"黑天鹅"，更值得关注的或许是另一种"动物"——"灰犀牛"。"灰犀牛"比喻大概率且影响巨大的潜在危机。灰犀牛体形笨重、反应迟缓，你能看见它在远处，似乎可以毫不在意，而一旦它向你狂奔而来，定会让你猝不及防，直接被扑倒在地。它并不神秘，却更危险。

小数据能做的就是在海量数据中发现企业运营中被忽略和遗漏的信息，捕捉与企业休戚相关的"小细节"但"大到难以忽视"的信息，并迅速对其做出反应。

（三）小体量剖析大逻辑

小数据的数据量较小，更加注重非结构化数据之间的关联，注重深度挖掘。在小数据决策体系下产生的分析结果是逻辑严谨，能够为通识层面的认知所接受。也就是说，小数据之美还在于其决策体系的进化，如图 1-1 所示。

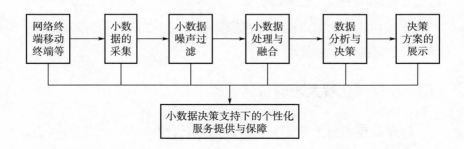

图 1-1　小数据决策流程图

从小数据决策流程上可以看到，小数据主要先通过网络和移动终端等进行数据的采集，然后进行数据噪声过滤、数据处理与融合、数据分析与决策，继而提出个性化服务决策方案，最后得到小数据支持下的个性化服务的提供与保障。

其中，数据的采集抑或是语义的读取是基于有一定逻辑支撑的机器学习成果进行的，可以反映真实的个体需求和现状。而制定科学的小数据过滤和处理标准、分析和决策方法，则可以保证小数据在统计分析过程中对于细节的保留，这一点是经过标准化的数据所缺失的，也是统计结果无法用逻辑去解释的主要原因。随着小数据资源采集范围、种类和深度的快速增长，过于庞大的小数据会导致数据决策过程复杂度快速增长，并大幅降低小数据决策的可靠性和可用性，因此，在小数据决策过程中，应坚持数据高价值密度和多样性的原则，尽量避免数据的价值和可用性下降。

在这方面，近年来以传统小数据为基础、越来越流行的抽样调查的实验研究有着独一无二的作用。研究人员可以在实验室中对受访人加入一定的实验条件，然后观测受访人是否受到实验条件的影响，从而确定实验条件与受访人态度或行为之间的因果关系（例如通过观看环境公益广告来确定受访人环保意识的变化）。2.0 时代的小数据在构建因果关系模型时也应借鉴传统小数据的研究方法，延续其对严谨逻辑的解说力。

（四）小领域化解大矛盾

海量数据表面上很容易获得，网络是公共场所，谁都可以去，但现实并非如此。如果想真正获得有价值、可以根据自己的理论兴趣做分析的多变量大数据，就会涉及以下几个问题。①较高的硬性技术门槛及投入，对于中小型企业来说，数据的需求与分析的能力形成了一对基本矛盾。②个人的隐私、商业或政府的机密以及个人权利、经济利益和政治敏感性等问题。数据共享与学术伦理形成了一对基本矛盾。③海量数据并不完全。很多现象是难以得到全体数据的，并且很多情况下全体计量或观察是不经济的，也没必要（大量观察不等于全体观察）。海量数据与数据代表性形成了一对基本矛盾。而小数据以一个较小的内部环境为领域地带，能够巧妙地化解这三对阻碍发展的大矛盾。

首先，小数据被移动互联时代赋予了不同层次的功能禀赋。对于中小微企业来说，由于技术壁垒较高，看似被动选择了小数据战略，但小数据完全可以凭借其对某一细分市场的纵深分析，以或朴素或先进的方法完成对目标的刻画，从而化被动为主动，在小数据分析中找到企业定位。这样看来，小数据就满足了中小微企业在某一市场的需求，虽然看起来不太完美，但小数据尽职尽责地完成了任务。

其次，小数据的最大特点就是数据来源和数据使用者是同一人，即使中间过程数据被智能设备存储、分析或上传云端，其仍然以"取之于民、用之于民"的形式保证了个人数据的隐私保护，既运用丰富的个体数据进行了深度学习和数据融合，又化解了数据的共享需求和学术伦理问题。

最后，我们强调海量数据不等于能提供所有所需的数据，可能会出现"一方面数据很丰富、但另一方面信息又很匮乏"的现象，这就迫使人们对海量数据进行再认识。其实，多年来，传统的小数据已经将抽样调查技术进行了更新迭代，事实上，对于某项研究来说，只要制定科学的抽样标准，小数据代表总体的能力就非常强。但是传统小数据从制定抽样标准到最终得出结果的路程实在是太漫长了，已经超出了"黑科技"时代所能容忍的决策进度。因此2.0时代的小数据承载了新的历史使命，搭上智能"高铁"，踏上了寻找数据领域黄金平衡点的征程。

（五）小数据洞悉大未来

过去的数据很大程度上停留在说明过去的状态，实际上是用过去的数据说明过去或者解决目标问题，因此是一个用小样本验证问题的过程，是一系列的历史问题。而 2.0 时代下小数据的核心是预见未来，其对于未来的预测精准度很大一部分取决于小数据的决策过程，统计结果是否具有强有力的逻辑支撑和高价值密度。

在传统的小数据研究中，研究人员可以根据自己的理论需求设计问卷，并测量受访人对不同问题的看法和态度。此外，还可以收集并未发生或发生概率渺茫的事件信息，比如，通过情景设置的方式或实验的方法来检验受访者在假设情景中可能的态度和行为，这显然是小数据的天然优势。此外，小数据在收集受访人观念、态度和行为方面数据的同时，还可以收集他们的个人基本信息，例如，家庭、工作、收入、政治面目、宗教信仰等，这些信息为解释受访人的其他行为和观念提供了更多的可能性，而海量数据研究是无法根据研究者的需要来收集个人信息的。从这个意义上说，小数据比大数据更适合进行具有理论意义和理论突破的研究。

而在 2.0 时代下，小数据对于未来的洞悉能力将会大大增强。2.0时代下，小数据通过更加聪慧的人机互动系统实现对个体信息的全面采集，并且能够利用全面的个人数据优势，结合外部大数据，提供给个人个性化、独特而有价值的数据服务。即小数据通过机器学习、自适应系统等方式与个体共存共生，结伴成长。小数据通过对个体纵深数据的分析来了解个体并且预见个人的生理需求、情感诉求以及更深层次的如回忆渴求、梦境请求、企业的运营情况感知、自然环境感知、工作氛围感知、员工情绪感知以及"黑天鹅"风险感知等。小数据洞悉未来的能力因所具备的机器系统和所处的自然环境系统需求而异，但未来可以预见的是，小数据将会大放光彩。

第二章

大数据时代的小数据

一、数据变化趋势

对于任何企业来说，有效管理其内部结构化数据——小数据——极为重要。请注意，小数据通常也是很"大"的，它的"小"仅仅相对于大数据而言。很多企业存储的结构化交易型数据已经非常庞大了。因此，对于企业而言，管理好小数据的需求是共同的，这种需求已经超越企业类型、所属行业和自身规模等。

（一）大数据分析到小数据提取

数据管理是个连续而非一劳永逸的工作，没有哪个企业在管理数据的过程中会一直一帆风顺。如果企业能够认真对待数据管理和数据管控，那么他们从大数据中获取的收益将会更大，这主要是因为小数据的提取往往是以大数据分析为前提的。大数据技术能够为企业的小数据运维提供一个整体思路和框架，通过运用这个框架，企业无须浪费时间和资源在用户、产品和员工数据上，他们只需轻点几次鼠标，或以更加轻松的方式，就可自动获取报表数据。通过大数据分析，企业可以迅速了解自己的市场份额、销售、债务、风险程度等小数据的情况，抓住市场新兴趋势。此外，大数据分析为企业获取市场需求提供了一个可操作的范式。企业可以通过社交媒体、搜索引擎方面的大数据，截取与自身产品相关的个人信息，帮助企业开发潜在市场。

（二）小数据补充大数据职能

大数据的潜在能量很大，但大数据不能取代传统数据管理的需求，也不能取代其重要性。无论对个人、企业，还是政府，小数据都行使着重要的描述性职责：个体利用小数据可以判断在不同领域正在发生什么，即可以借此了解现状。例如，大数据无法代替小数据范畴的交易型和结构化数据及其系统的职能。从这个角度来讲，小数据能够帮助企业理解客户并做出更好的决策，补充大数据对于企业经营的价值。

（三）大数据丰富小数据前景

从大数据中得到规律，再用小数据去匹配个人，将会是一种更为有效的数据运用方式。大数据相对于小数据而言，数据量大，需要快速做出反应，注重的是包含所有个体的数据，运用关联规则、社交网络、用户细分（根据行为）、预测与预警等分析方法来展现技术与数据之间的关系。大数据在归纳总结，提取特征并进行决策预测方面有着小数据无法媲美的优势。这些优势可以丰富小数据的前景。小数据采集的是以个体为中心的全方位数据，进行对个体的量化描述和完善服务，如果结合以大数据分析出的规律结果为基础，则能够更加精准地打造个性化产品和服务，进而推动决策。

（四）大数据时代下的小数据视野

300多年前，英国约克大学统计学家约翰·格朗特（John Graunt）采用样本分析法推算出鼠疫时期伦敦的人口数，这种方法就是后来的统计学。这个方法不需要一个人一个人地计算，而是利用少量有用的样本信息来获取人口的整体数据。在收集数据和分析数据都不容易时，随机采样就成为应对信息采集困难的办法，并在当时取得了巨大的成功，成了现代社会、现代测量领域的主心骨。通过收集随机样本，人们可将其用于公共部门和人口普查，甚至用于商业领域监管商品质量。随机采样可以被称为传统的小数据视野。

不过，在传统的小数据视野下，随机采样有较大的漏洞。传统观点下，随机采样是在不可收集和分析全部数据的情况下的无奈选择，因此这种方法下的调查结果缺乏延展性，即调查得出的数据不可以被重新分析以实现计划以外的目的。

如今在大数据时代下，计算和制表不再像过去那样困难。感应器、手机导航、网站点击和社交网络被动地收集了大量数据，而计算机可以轻易地对这些数据进行处理。当我们可以获得海量数据时，传统的以随机采样技术为核心的小数据视野就应该被抛弃吗？不，恰恰相反，此时的小数据视野应该在随机采样的基础上得到新的修正。在海量数据得到广泛应用的同时，小数据主要承担个体的差异性、个性化反馈，通过获取人的情绪、思想、价值观以及那些无法被大数据捕捉的环境数据、微观经济行为数据的数据语义，从而帮助人类更加深刻、精准地认识世界、理解世界。

二、数据本无大小

（一）大数据之大：数据量大，分析方法众多

当说到大数据的"大"时，我们指那些在数量、种类和速度三个维度的任何一个维度上都很"大"的数据集。

数量（Volume）大意味着分析师在矩阵或者表格中处理结构化数据时，数据矩阵可能包含数以百万计甚至数以亿计。将更多的行加入分析数据集中会对分析产生截然不同的影响。改善预测模型效果最有效的方法是加入具有信息价值的新变量，这就使得大数据在分析中不断加入新的变量以寻求最优的模型效果。

种类（Variety）多意味着所处理的数据不仅仅是矩阵或表格形式的结构化数据。大数据时代下，越来越多的人认识到了社交网络动态、医疗服务提供者记录、社会媒体评论等海量非结构化数据的显著价值。这意味着在大数据分析中，构建模型的影响因素大大增加了。

速度（Velocity）在两个方面影响预测分析：数据源和目标。流数据——一个随时间延续而无限增长的动态数据集合，例如赛车的遥测或者医院 ICU（重症加强护理病房）监控设备的实时反馈，必须使用特殊的技术来采样和观测数据流，这些技术将连续的数据流转换成一个独立的时间序列以便于分析。

大数据在这三个维度上的"庞大"数据集也促成了在大数据技术中百花齐放的分析方法。大数据的预测分析技术主要包括两类：统计方法和机器学习。具体分类如图 2-1 所示。

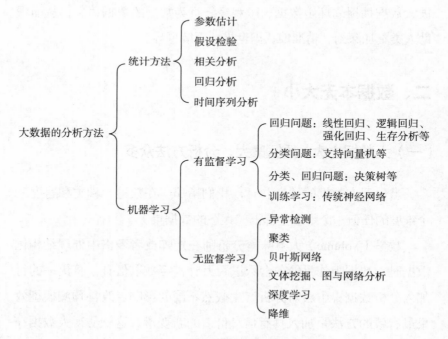

图 2-1　大数据的分析方法

此外，大数据的"大"还体现在其计算的"庞大"上。云计算和大数据就像一枚硬币的正反面一样密不可分。大数据必然无法用单台的计算机进行处理，它必须采用分布式计算架构。它的特色在于对海量数据的挖掘，但它必须依托云计算的分布式处理、分布式数据库、云存储和虚拟化技术。云计算的核心技术水平既能够推动大数据前行，也能制约大数据的发展。

企业和机构要想利用大数据实现更大的业务价值，需择取最适合的分析方法和平台。大数据之"大"，可能成为企业制胜的"核武器"，也可能成为企业衰亡的"达摩克利斯之剑"。

（二）大数据之小：具有一定的普遍性，微观个体差异表现不显著

就大数据本身而言，仅仅是增加了一些在具体领域的成功机会，虽然大数据提供了丰富的信息资源，但我们必须问这样一个问题：大数据就是好数据吗？确实，利用大数据分析得出正确结论或不断逼近准确结果的例子已经不少。例如，谷歌对流感暴发的快速预测，谷歌翻译，等等。然而，大数据所呈现的某些趋势或规律只是信息重复的结果，是经验的电子化记录，其本身是机械的、死板的，其预测分析结果的准确性取决于数据的质量和规则的制定。从这个角度看，大数据又展现出了其局限性。

首先，大数据≠全数据。从整个社会层面来看，任何机构与市场主体获得的都只是某个横截面上的大数据。即便是截面大数据，也只是局部数据。以消费品领域为例，我们如何获得消费者购买某一品牌消费品的"全数据"？即便实现了所有电子商务网站数据的共享，但国内电子商务只占社会零售总额的 20% 左右，线下数据如何获得？此外，由于商业利益、数据标准各异等原因，不公开、难

共享最终使数据割裂存在于封闭式的围墙内。大家能访问到、爬虫能爬到、搜索引擎能检索到的数据较少，绝大多数孤立存在的点数据还在暗黑之海里。

其次，大数据分析≠海量数据分析。很多行业将大数据分析与海量数据分析直接对等，这是不严谨的。因为大数据和海量数据的诉求并不相同：①海量数据分析具有明确的分析目标，而大数据是在分析中寻找目标；②海量数据分析注重获取因果关系，而大数据更注重寻找关联性、发现未知知识；③海量数据分析追求一个精确的结果，而大数据希望快速寻找到可接受的解。因此，大数据虽然"大"，其结果也具备一定的普适性，但其缺乏针对性和精准性，并没有充分挖掘出海量数据的潜力。对于个体发展来说，似乎有点大材"小"用了。

（三）小数据之大：任何数据都是从一个开始收集的，涉及范围广

其实，大、小数据之间并无明显的界限。再大的数据也是人们一点一滴聚沙成塔、集腋成裘的。没有小数据的积少成多、百川归海，大数据也是无源之水、无本之木。前面我们分析了小数据之美和大数据之"小"，小数据可以用来解决和补充大数据面临的窘境，拉近大小数据的距离，见微知著，共同领略数据之美。

首先，在不可能获得全量数据的现实下，随机抽样调查是洞察全体的最有效率的选择。由于大数据对于数据的清洗有天然劣势，其信息密度较低。因此，大数据是贫矿，投入产出比未必优于小数据。从这个角度来看，小数据因为其"小""细""精"而有大用处。

其次，小数据更适合解决数据共享难的问题。在数据孤岛的前提下，一个主体有了大数据，往往更愿意局限于自己的数据库来进

行各种分析。还是以消费品领域为例，购物相关的电商如 Amazon（亚马逊）、淘宝、京东、唯品会、聚美优品等都在浴血奋战、寻找自身的差异化竞争战略。他们将所谓的大数据技术运用在自己体系内部实现智能推荐、信用评分系统，实际上是一种"大为小用"的小数据的运用（运用大数据技术形成的各种数据对于电商平台来说是自身核心竞争力的一个组成部分，是了解自身发展的小数据）。并且，他们从中获益良多。也就是说，虽然由于利益驱动他们不去做数据共享，但是他们通过小数据把体系内部的客户运营、服务流程优化提升了，也能有效地增加客户黏性。事实上，小数据并不能打破数据孤岛，但却可以使每个数据孤岛成长为差异化的"风景区"，更好地服务于"岛上"的居民和前来放松的游客（用户）。因此，对于个人、企业来说，更容易操作的、更有价值的见解更有可能蕴含于小数据中。

当然，随着时代的发展，数据孤岛早晚要变成一片数据的海洋，小数据在尽职尽责发展"岛上"事业的同时，自身积累的数据体量也会越来越大，自然会发出"跨界经营"的数据诉求。比如我们现在看到的：做电商的想做社交，做社交的想做电商，做线上的想做线下，做流量入口的想做 O2O（线上到线下）……这些兼并重组会让小数据一步步成长为具有更大社会价值的数据资源。

（四）小数据之小：具有个体的针对性，求同存异

相对于大数据来说，小数据体积小、易于快速理解，数据的读取分析和处理都相对简单。传统的小数据是以"人力为主，机器为辅"的运行模式，在数据的采集、存储、传输和处理中大量依赖人力资源。如今的小数据慢慢成长为以"机器为主，人力为辅"的运行模式，各种传感设备和智能设备成为数据采集、存储、传输和处

理的主体，人力只在模型设计、参数设置、编辑矫正等环节发挥作用。因此小数据能够在采集个体全局数据的同时更加充分地洞察个体的异质性。全局数据不同于全部数据，在任何体系内的数据抽取和沉积都只能是客观世界的映像，是客观世界的一部分，而不是全部。全局数据意味着在不打破所有体系的情况下对系统内部的数据进行处理和学习。

小数据的全局观是：针对具体问题进行个性化处理，偏重于理解数据与基本事实之间的逻辑关系。小数据使人类行为摆脱了对经验的依赖，人类决策由主观性开始走向客观性，是人类智慧对蒙昧的一次重要胜利。随着数据采集技术、存储技术、传输技术、处理技术和安全技术的全面创新，小数据也能学习，也能复杂化，其远比我们想象的要强大。小数据对系统内部全局数据的采集和挖掘将会更加聪慧，再结合各项新技术加以综合运用，小数据将大展宏图。

三、大小相得益彰

（一）见微知著

在数据的江湖里，既有波澜壮阔的大数据，也有细流涟漪的小数据，二者相辅相成，才能相映生辉。美国电子电气工程师协会会士、中国科学院计算技术研究所研究员闵应骅曾表示：目前大数据流行，人们就"言必称大数据"，这不是做学问的态度，不要碰到大量的数据，就给它戴上一顶"大数据"的帽子。我们对此深表赞同，大数据体现出规律，小数据蕴含着智慧，它们都闪烁着理想之光，它们的适用也都是有一定的条件的。

人类已经清醒地意识到，大数据、大未来的风潮正在席卷各行各业，改变着人类生活的方式和观念。警察可以通过犯罪数据和社会信息来预测犯罪率，科学家可以通过遗传数据预测疾病的早期迹象……我们通过一个详细的例子来说明大数据与小数据所解决的问题。

大数据将改变当代医学，大数据和物联网的组合更是将医学变革的速度提升了一个档位。如基因组学、蛋白质组学、代谢组学等。但是，同时我们清醒地意识到，由个人数字跟踪驱动的小数据，也将为个人医疗翻开崭新的一章，特别是当可穿戴设备更成熟后，移动技术将可以连续、安全、私人地收集并分析你的个人数据，这将包括你的工作、购物、睡觉、吃饭、锻炼和通信，追踪这些数据将得到一幅只属于你的健康自画像。

假设你是一名患者，这样精确而个体化的小数据也许可以帮助你回答：每次服药应该用怎样的剂量？当然药物说明书上会有一个用药指导，但那个数值是基于大量病人的海量数据统计分析得来的，它适不适合此时此刻的你呢？于是，你就需要了解关于你自己的小数据。再比如癌症治疗，肿瘤细胞的 DNA 对不同的癌症病人会引起不同变化。所以，对许多患者用同一个治疗方法是不可能成功的。个性化或者说层次式的药物治疗是按照特定患者的条件开出药方——不是"对症下药"，而是"对人下药"。这些个性化的治疗都需要记录和分析个人行为随时间变化的规律。这就是小数据的意义。

目前，各行各业碰到的数据处理多数还是"小数据"问题。不管是大数据还是小数据，我们应该敞开思维，研究实际问题，切忌空谈，精准定位碰到的数据业务问题。以应用而非以技术为导向，不要盲目追逐焦点技术。以企业管理为例，不要指望大数据能够拯救一家即将倒闭的企业，不要指望大数据能够弥补企业的管理不完善造成的失误，也不要指望大数据能修复已经衰败的企业文化。大数据是站在高点统揽全局的，是具有前瞻性的作战总指挥官，而不是在前线筹谋全局、擘旗斩将的英勇将军。

当然，这并不是说大数据在解决问题中就不重要。我们认为，大数据与抽样小数据在数据时代具备不同的优劣势：大数据面向数据，部分全覆盖，实时敏感，数据源存在偏差；小数据面向个体需求，样本细节清晰，学习周期较长。应该说，两者属于两个不同范畴的概念，两者之间不是颠覆与被颠覆、替代与被替代的敌对关系，而是相互融合、相互补充的伙伴关系。

大数据从宏观层面加速了科学研究、产业创新、行业融合的步伐，非常适合数据采集标准统一、共享度高、IT 技术水平发达的行业，如金融科技前沿理论、无人驾驶汽车或飞机、高精尖医疗技术理论、人工智能理论等，进行规范的数据整合、挖掘，能够大大缩短人们认识某项新鲜事物所需的时间，其对于技术和理论的革新、国家经济的发展是必不可少的。而现在的小数据则结合了大数据中运用的分析方法，加以精简，从另外一个角度对数据的本体进行更加深入的了解。小数据通过不断的学习，能从微观层面上理解个体的行为和环境的变化，逐渐成为个体生产生活的一个好帮手。它不关注规律的探索，而专注对个体变化的感知；它不渴求标准的数据，而沉浸于对个体输出的学习；它不想成为一个庞杂数据的分析机器，它的理想是与个体一道长大，成为与个体之魂相契合的知音。

在未来，经济将不再由石油驱动，而由数据驱动。数据对各行各业革命性的影响已经显现，而唯有大小数据融合，才能将数据的魅力发挥到极致。一部《纸牌屋》让电视媒体与流媒体视频行业知晓了大数据应用的威力，从用户数据挖掘出用户喜欢的视频风格、内容风格、导演和演员等，成就了互联网时代的内容制作新典范；一家老牌财经媒体《金融时报》通过大数据分析读者的需求，为其提供个性化的信息，于是实现用户的付费阅读，开辟了全新的商业盈利模式……而在未来，凭借智能设备的进一步成熟应用，这些信息将会成为小数据系统中实时更新的知识库的一部分，并为其所用。从大数据得到规律，用小数据去匹配个人，更好地反馈到人机互动的进程中。

（二）大小并行

美国著名科技历史学家梅尔文·克兰兹伯格（Melvin Kranzberg），曾提出大名鼎鼎的科技六定律，其中第三条定律是这样的："技术总是配'套'而来的，但这个'套'有大有小（Technology comes in packages, big and small）。"

这个定律用在当下非常应景。因为，我们正步入一个"大数据"时代，但对于以往的"小数据"，我们能做到"事了拂衣去，深藏身与名"吗？答案显然不能。目前，大数据的前途似乎"星光灿烂"，但小数据的价值依然"风采无限"。克兰兹伯格的第三定律告诉我们，新技术和老技术的自我革新演变是交织在一起的。大数据和小数据，它们"配套而来"，共同勾画数据技术（Data Technology）时代的未来。

大数据已被舍恩伯格教授、涂子沛先生等先行者及其追随者夸得泛滥成灾。但正如我们所知，任何事情都有两面性。在众人都赞大数据很好的时候，我们也需分析一下大数据可能面临的陷阱，只是为了让大数据能走得更稳。在大数据的光晕下，当小数据渐行渐远渐无时，我们也聊聊小数据之美，为的是"大小并行，不可偏废"。大有大的好，小有小的妙，如同一桌菜，哪道才是你的爱？思量几番再下筷。

大数据的多样性，给大数据分析带来了庞大的力量。很多小概率、大影响的事件（黑天鹅事件），在单一的小数据环境下，很可能难以被发现。但是由"四面八方"汇集而来的大数据，却能有机会提供更为深刻的洞察。例如，癌症属于一类长尾病症，经过多少年努力，癌症治愈率仅提升了不到 8%。其中一个重要原因是，单个癌症的诊疗机构的癌症基因组样本都相对有限。"小样本"得出的有关"癌症诊断"的结论，极有可能是"盲人摸象式"的。

大数据的多样性，给人们带来了"兼听则明"的智慧。然而，正如英谚所云，"一个硬币有两面（Every coin has two sides）"，多样性也会带来一些不易察觉的"陷阱"。用"成也萧何，败也萧何"来描述大数据的两难，再恰当不过了。

1989 年，管理学家罗素·艾可夫（Russell L. Ackoff）撰写了《从数据到智慧》(*From Data to Wisdom*) 一书，系统地构建了 DIKW 体系，即数据（Data）、信息（Information）、知识（Knowledge）及智慧（Wisdom）。DIKW 体系提出对数据如果不实施进一步的处理，即使收集数据的容量再"大"，也毫无价值，因为仅仅就数据本身来说，它们是"一无所知（Know-Nothing）"的。数据最大的价值，在于形成信息，变成知识，乃至升华为智慧。

电子科技大学周涛教授认为："放弃对因果性的追求，就是放弃了人类凌驾于计算机之上的智力优势，是人类自身的放纵和堕落。如果未来某一天机器和计算完全接管了这个世界，那么这种放弃就是末日之始。"对大数据的因果性和相关性的探讨，是人类惯有的思维，在这个惯性思维的推动下，很容易误把"相关"当"因果"——这是我们需要警惕的大数据陷阱。

从上面的分析可以看出，大数据是前沿，但我们更不能对现状熟视无睹——小数据依然是主流。目前大多数公司、企业其实仍处于"小数据"处理阶段。但只要在纵向上有一定的时间积累，在横向上有较丰富的记录细节，通过多个源头对同一个对象采集的各种数据进行有机整合，实施合理的数据分析，就可能产生大价值。基于此，我们认为在大数据时代，绝不能抛弃"小数据"。对精确的追求，历来是传统的小数据的强项，这在一定程度上弥补了大数据的"混杂性"缺陷。犹如有句歌词唱的那样："结识新朋友，不忘老朋友。"在大数据时代，我们也不能忘记小数据。大数据有大数据的力量，小数据有小数据的美。

四、打通数据孤岛

小数据的单独存在无法得到整体的规律性。大数据的单独存在会忽略小数据的特殊性。

无论是大数据，还是小数据，都是局部数据，局部的清晰最终带来的是类似"盲人摸象"的效果。要想达到整体清晰，需要在大数据的基础上获得更多的信息。一种方式是数据与数据的关联对接，大数据的精髓在于数据是关联的，跨领域关联，通过一加一产生远大于二的价值。而考虑到异源大数据之间缺乏统一的、互认的数据规范与标准，通过能够洞察整体的小数据打通大数据的孤岛，最终拼成一个清晰的画像是可行的办法。另一种方式就是在"大数据"中随机（或用其他方法）选取部分样本，对这些顾客进行问卷调查，以补充数据库中缺失的信息，然后通过对接将问卷调查的信息融入全体数据的分析中。天气预报技术的发明成功融合了大小数据的理解和运用，现代天气预报流程如图2-2所示。

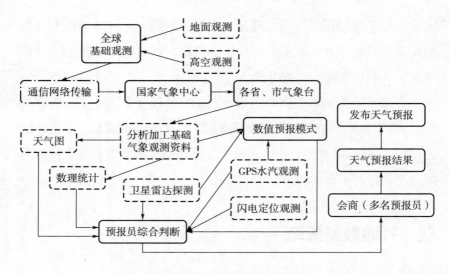

图 2-2　天气预报制作流程

1916 年，德国人理查森（Lewis Fry Richardson）尝试把大数据化小，把整个德国的天气分割成纵横交错的小矩阵。这样每个矩阵格子里的气候条件及其对城市的影响就显而易见了。可惜的是，碍于当时应用数学的发展，理查森的设想破灭了。1950 年，诺尔曼将电脑计算和理查森的方法整合在一起。于是我们有了越来越可靠的天气预报。理查森的小数据价值在于他对气候现象深刻的理解，并提炼出关键要素。诺尔曼的大数据贡献在于精确运算关键要素的动态运行形势和方向。二者结合，我们才有了对天气的预报能力。

通过小数据的收集得到大数据样本，大数据分析样本得到宏观规律，然后再用小数据微观更正大数据未考虑的个体差异，这是大小数据融合的真谛。而若想从根本上实现大小数据的融合，需要着力关注数据获取、数据跨域关联和数据深度挖掘三个方面的问题。

（一）数据精准获取

对于各行各业而言，一个可以预期的大数据模式是，在统一用户数据和内容数据管理的基础上，将不同类型的内容数据抽取、分析、聚类，依据不同介质的传播特点，把合适的信息及时准确地传递给需要的人。这个模式的前提是，内容数据以及用户数据要足够丰富。大数据解决横向的内容问题，实现数据的快速挖掘分析；小数据解决纵深的内容问题，实现信息与个性化需求的完美匹配。

举个例子，2016年中国中央电视台市场研究股份有限公司（CTR）曾着手研发一个叫"专属社区"的观众用户化模块产品。其设想是，借鉴"逻辑思维"的"魅力人格体"思维，充分利用电视频道、栏目的主持人、嘉宾等核心要素品牌，通过PC（个人计算机）、移动互联网、社交平台等一切可能的沟通渠道，为电视频道、品牌栏目招募几万、几十万的忠实观众，并与之建立起日常化、实时化的交互联系，从而获取电视观众的ID（身体证明），建立其电视频道、栏目的专属用户数据库。在与观众建立起日常化、实时化的交互联系之前的各步骤，都是大数据汲取海量信息的过程，而当其开始与观众交互时，更需要每个ID背后的各种小数据。大数据通过采集小数据系统的信息进行更加精准的投放，小数据也可以通过接收大数据提供的节目信息来丰富自身数据的维度。

（二）数据跨域关联

数据只有跨域关联才能发挥最大的价值：国家电网智能电表的数据和地产数据交叉，可以用于估计房屋空置率；金融数据和电商数据碰撞在一起，就产生了像小微贷款那样的互联网金融；电信数据和政府数据相遇，可以产生人口统计学方面的价值，帮助城市规划人们居住、工作、娱乐的场所……而大数据与小数据的跨域关联，为数据孤岛建立了桥梁。

让我们以自然人为例来说明数据跨域关联的实现及其对大小数据融合的作用。对于一个个体用户而言，他既要看电视，又要使用搜索引擎查阅资料，还需要聊微信、刷微博，同时还有线上电子商务数据，线下医保、社保等数据，以及交通出行、兴趣爱好等数据。对于小数据系统来说，要了解一名用户，这些数据需要关联起来进行处理。而大数据在做什么呢？现在大数据还在行业层面整合所有这些行为的平台数据。但是正如我们前面提到的，这些数据目前还在各种孤岛上漂泊，无法"离岛"进入数据海洋，而小数据使之变成了可能。通过收集以上所有行为的数据，将其提供给大数据分析平台，将能够使数据实现"离岛出海"的愿望。图 2-3 所示的是一个理想的大小数据跨域关联后实现的对行业大数据的刻画和描绘。在此过程中，同样地，小数据若想收集这些数据，就不可避免地要使用大数据的学习方法和分析方法，从而更快、更全面、更准确地采集、提取数据及其语义。

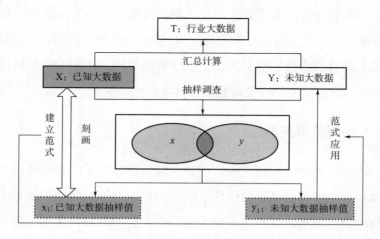

图 2-3　小数据与大数据关联的关系范式

（三）数据深度挖掘

　　数据的意义不仅在于谁掌握了它，更在于通过数据能够发现什么，能否准确地知道你干过什么，将会干什么。这便是数据挖掘能力的价值。对于深度的数据挖掘，时下有两种对立的态度：①技术主导派，他们提出"万物皆数"，认为量化数据的技术在决策中具有举足轻重的作用；②技术为辅派，他们认为技术是服务于决策体系的，不应盲从于技术，夸大其价值。我们更认同技术作为辅助手段的意义和作用。事实上，数据的深度挖掘是人类用来量化自身和周围环境、市场变化的一个深入浅出的过程。

　　虽然数据的深度挖掘过程本身彰显了技术的重要性，凝结了大量 IT 开发技术人才的心血，但是技术本身是服务于信息的。信息固有深浅之分，因此数据也有"小""大"之分，信息解读也有难易之别。因此，大小数据的深度挖掘技术架构应各自有其侧重点，本着相互补充的目的，彼此借鉴，去伪存真，实现大数据与小数据之间的良性互动。

　　用小数据抵制甚至漠视大数据时代的到来，是逆潮流而动的掩耳盗铃。但用大数据时代来否认小数据的价值，是对大数据的误读和误解。只有大、小数据融合，才能够真正地实现用数据说话，用数据决策，用数据管理，最终实现用数据创新。

第三章

智能时代的小数据

一、智能无处不在

（一）互联网时代

互联网是网络与网络之间所串联成的庞大网络。这些网络以一组通用的协议相连，形成逻辑上的单一且巨大的全球化网络，使用互联网可以将信息瞬间发送到千里之外的人手中，它是信息社会的基础。

互联网具有强大威力，对国家经济、企业经营和个人生活方式产生了重大影响。在互联网 1.0 时代，互联网是企业信息网状化生成与传播的工具，其功能是提升营销和生产效率。而近年来"互联网＋"理念不断强调实体经济中的各类企业需充分利用互联网而提高竞争力，互联网来到了 2.0 时代，互联网彻底实现了产业结构的去中心化、经济活动的泛数据化、社会生活的物联网化，它已经不再单纯是企业可用的资源，而成为企业能力的衍生。互联网 2.0 为企业带来了四种新能力：①基于云计算、社会计算、大数据分析等新一代IT 而产生的信息取得和整合能力；②企业与消费者直接互动而产生的市场感知能力；③企业信息透明化、企业间联系数字化而产生的关系整合能力；④通过对移动互联网超大体量数据的实时处理与运用而产生的超前预测能力，即"大数据＋大计算＝大商机"。这些能力帮助企业发展了新的竞争手段且更为多样化。

由此可见，今天的互联网并非简单的"信息传递工具"，它已成为企业颠覆传统价值创造方式，改变竞争结构的利器：以互联网为基础的新兴企业颠覆了强势在位企业的市场地位。例如，苹果公司凭借互联网及 App Store（应用程序商店）击败庞大的诺基亚帝国，小米在缺乏核心技术的质疑声中与三星在市场竞争中不相上下，黑莓、东芝等行业巨头轰然倒下。

（二）物联网时代

福布斯将物联网（Internet of Things，IoT）描述为连接任何具有开启和关闭功能的设备的概念。物联网可以被概括地描述为无数物体、动物甚至人与互联网实现的无线连接，这些"节点"可以在没有人为干预的情况下发送或接收信息，继而通过远程智能设备进行远程智能作业，极大地提高了人类生产和生活的效率。当前，物联网技术已经在智能电网、智能交通、智能农业、环境污染监测等领域推广应用。物联网对于更多的被动活动采集潜在价值的数据需要的作用是显著的。

举例来说，一位女顾客在超市买东西时拿起了一盒奥利奥饼干，似乎在阅读它的营养成分，之后决定不购买，然后把它放回架子上。以往，如果没有监控设备，就不太可能采集到这个非交易过程的信息。而现在，设想一下在一个低成本的射频识别（Radio Frequency Identification，RFID）标签、传感器、近场通信（Near Field Communication，NFC）和其他强大技术无处不在的物联网世界里，这个相同的场景将会细化为无数个过程识别步骤：她读了包装上的哪一部分呢？是不是她比别人更认同上面具体的图片或文字内容？当她看到含有的碳水化合物的数量时，她的非语言表情有哪些？她有没有看其他类型的饼干？她看了多久？再如，想象"智能家居"设备，如智能锁，当它检测到你的手机在附近时，就自动解锁；或者在检测到有人在移动时，自动开灯。物联网技术因为这些数据的获取变得更加智慧和巧妙。

但是，安全问题也日益凸显。2015 年，乌克兰西部的一个电网就遭到了来自物联网网络的攻击破坏，而关于无人驾驶汽车遭遇黑客的研究也一直在引发人们的关注。未来几年，我们预测监管和标准化将发挥更大作用，物联网领域的安全问题可能有新动向和突破。

（三）人工智能

谷歌公司用 **AlphaGo**（人工智能围棋程序）大胜围棋专业九段李世石、柯洁后，人工智能已经从最原始的计算智能，发展并突破了感知智能阶段，来到了认知智能层面。它给全球科技巨头带来的震撼正在迅速蔓延：各大巨头纷纷公开宣布或秘密启动"人工智能+"战略，用人工智能改造各项产品和服务。微软首席执行官萨蒂亚·纳德拉说，继键盘、鼠标、触摸屏之后，能理解人类语言、实现人机互动的人工智能自动程序，将成为下一代界面。

人工智能，是指能够模拟人类智能活动的智能机器或智能系统，研究领域涉及非常广泛，从数据挖掘、智能识别到机器学习、人工智能平台等（如图 3-1 所示）。从工程学的角度来看，可以把人工智能理解为：可以从环境中感知信息并自主活动的软件和硬件实体。人工智能必须具备以下几个功能：①能感知环境；②有学习机制；③具备知识库；④有决策能力，即通过新知识学习和知识库之间的交互来进行决策，决策包括了推理、预测、规划等行为，所以决策是一个非常复杂的过程；⑤有执行器，即通过行动影响环境；⑥有评价指标，即机器学习不能是随机学习，必须有一个方向，这种方向通过评价指标实现，它们的专业名称叫作"激励函数或处罚函数"，机器就是通过不同的奖惩机制来进行学习的。

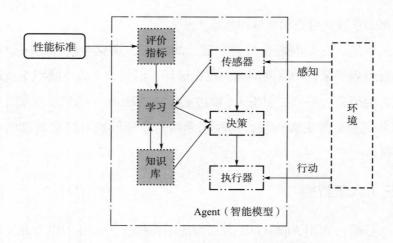

图 3-1 简化逻辑下的人工智能模型

人工智能已成为全球新一轮科技革命和产业变革的着力点，是一片蕴藏无限生机的产业新蓝海，我们预测 2020 年将迎来 AI 的爆发，人工智能将在卫生保健、汽车、金融服务、运输和物流、技术通信及娱乐、零售、能源、制造业等行业均有不同程度的影响力。2017 年，我们看到亚马逊的 Alexa 已经能够以跟人对话的方式表现人工智能，而现在，Alexa 已经进入了超过五百万个家庭。你可以向 Alexa 询问天气，或让 Ta 帮你叫车等。这意味着，AI 已经进入主流用户的实际应用阶段。

未来，5G 移动互联网将以全新的网络速度、无缝的网络，推动"弱人工智能"应用间广泛连接，智能行为遍布整体社会环境，实现真正意义上的万物互联，迈向"强人工智能"时代。人工智能将在技术上更迅猛地发展，在智能语音、智能图像、自然语言处理、深度学习等技术上越来越成熟，并将越来越多地在自动驾驶、特殊环境下的自主机器人等涉及国家或行业的核心需求方面得到应用，会让更智能化的半自主或自主系统的集群能力不断得到提升，成为国家创新创业的核心驱动力。

二、智能产品到嵌入程序

智能产品的发展脉络大致已走过了三个阶段。第一阶段，是简单联网阶段，如智能水杯、智能插座等，它们只具备联网功能，实现简单的远程操控功能，产品偏向于概念操作。第二阶段，是超级App阶段，通过智能产品与终端嵌入程序相结合实现智慧生活。超级App是一个开放的智能家居操作平台，多个智能产品通过一个App来控制，如小米的智能家居。但智能产品有上千甚至上万个品牌，超级App不可能将所有的智能产品都关联起来。第三阶段，是语音手势控制阶段，如智能语音灯、手势及语音控制的智能音响，语音和手势控制把人们从App操作智能产品的束缚中解放出来，使体验进一步优化，如Google Home、Amazon Echo智能家居设备就可以通过语音实现控制家庭设备。

（一）智能家居

1997年，微软总裁比尔·盖茨的私人豪宅——"未来之家"经过七年时间终于建成。"未来之家"耗费巨资，铺设了52英里（约为84公里）长的电缆，房内所有电器设备连接成一个绝对标准的家庭网络，室内每间房都使用触摸感应器控制照明、音乐、室温、灯光等。

智能家居（Smart Home）是以住宅为平台，兼具建筑设备、网络通信、信息家电和设备自动化，集系统、结构、服务、管理为一体的高效、安全、便利、环保的居住环境。智能家居是计算机技术、网络技术、控制技术向传统家居渗透发展的必然结果。随着智能家居技术的成熟、物联网的发展，更加自动化、舒适化、安全化、节

能化的家居生活已成为可能。目前比较流行的智能家居系统的结构
如图 3-2 所示。

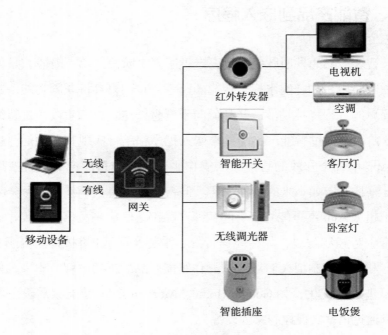

红外转发器
电视机
空调
无线
有线
网关
智能开关
客厅灯
移动设备
无线调光器
卧室灯
智能插座
电饭煲

图 3-2　智能家居系统的结构

　　智能家居需求与趋势的不断升温，不只改变了家电使用方式，
随着人们对健康与平安越来越重视，未来智能家居将逐渐利用影像
监控结合感测与网络技术，建立居家健康监测系统，诸如视讯医疗、
远距照护、血压管理、智能型服药系统等。智能家居将会变得更加
智慧。清晨，主人在音乐声中起床，豆浆机、面包机或电饭煲已经
准备好早餐；出门时启动离家模式可以自动关闭各种电器、窗户，
还可以锁门，不用担心孩子是否会偷看电视；主人回家前，发个短
信，空调和电饭煲开始提前工作，冰箱将根据主人的消费习惯通过
网络向超市订货，提前预警将要过期食物；睡觉时空调会自动感知

主人温度，设置最舒适温度……这样的美好生活预期很快便能实现，智能家居的春天已经来临。

（二）智能可穿戴设备

可穿戴设备即直接穿在身上，或是整合到用户的衣服或配件的一种便携式设备。智能可穿戴设备是融合传感器、显示器、无线等功能模块，应用穿戴式技术进行智能化、集成化、便携化设计，研发而成的可穿戴式电子设备的总称。

智能可穿戴设备的基本工作原理是利用传感器、射频识别、导航定位等信息模块，按约定的协议接入移动互联网，实现人与物在任何时间、任何地点的连接与信息交互。智能可穿戴设备将会对我们的生活、感知带来很大的转变。可穿戴设备的主流产品形态包括以手腕为支撑的 Watch 类，如 Apple Watch、三星 Galaxy Gear，各类智能手环等；以脚为支撑的 Shoes 类，如耐克智能运动鞋等；以头部为支撑的 Glass 类，如谷歌眼镜等。非主流产品形态包括智能服装、书包、拐杖、配饰等。智能可穿戴设备的主要类别如表 3-1 所示。

表 3-1　智能可穿戴设备的主要类别

类别	产品代表	数据内容	产品功能
运动健身类	Jawbone Up、Misfit Shine、三星 Gear Fit	人体运动、睡眠、饮食等数据	帮助消费者调整作息规律、督促加强训练
信息资讯类	谷歌眼镜、Apple Watch	导航、生活信息	丰富、简化信息获取渠道与形式
医疗保健类	胎语仪、智能体温计、生命体征采集仪等	各项体征检测数据	关心用户的保健需求

通过数据可视化技术，我们可以将这些数据以二维或三维的形式直观地呈现出来，从而使数据更容易被人理解，同时借助数据挖掘技术，我们可以从这些数据当中挖掘出真正有价值的信息，并将这些信息提供给相关决策人员，进而使这些数据被充分地利用起来，使这些数据活起来。其中涉及可穿戴设备数据的采集、预处理、数据挖掘及可视化。例如，如何根据已有的数据，去预测疾病的发展趋势，可能需要使用时间序列分析技术进行分析；如何根据用户的生活信息，去判断某些疾病的产生原因或诱发因素，可能需要我们使用关联规则去进行分析。

（三）智能推荐系统

亚马逊的创始人 Bezo（贝佐斯）曾经说过，他的梦想是"如果我有 100 万个用户，我就要为他们做 100 万个亚马逊网站"。智能推荐系统承载的就是这个梦想，即通过数据挖掘技术，为每一个用户实现个性化的推荐结果，让每个用户更便捷地获取信息。在今天的互联网应用中，很多搜索结果都是个性化的，以亚马逊为代表的越来越多"聪明"的推荐系统被开发出来，并被广大用户信赖和使用。推荐系统让用户的生活更容易、更便利，从长期来看，用户因此会购买更多商品，或者对服务的满意度更高。

Bezo 对智能推荐系统的评价是：我想我们能做的就是利用先进技术，例如，联合过滤（推荐系统最经典的算法）等加快找书速度。打个比方，如果你今天走进一家书店，发现一本让你心仪的书的可能性是 1/1000，我们想利用技术来了解你本人，并使这种机会增加到 1/300，然后是 1/100，1/50，等等。这将为人们创造巨大的价值。再伟大的商人也没有机会逐个地了解他们的顾客，而电子商务要使这成为可能。Bezo 还曾拿推荐系统作为武器来制衡供应商：亚马逊在和大型出版商谈判的时候，就会使用他们的推荐系统作为杀手锏。如果出版商没有达到他们的要求，亚马逊就将他们的书从人机自动化推荐系统中撤下，这也就意味着他们将不会向客户推荐这本书。最开始出版商根本不知道亚马逊这样做会有什么效果，他们大多数人不知道他们的销售额增长是因为他们处于显眼的推荐位置。亚马逊通过这种方法来展示其强大的市场力量。如果出版商不妥协，亚马逊就会关闭推荐其书目的算法，出版商的销售额一般会下降40%。然后，通常30天左右，出版商就会回过头来说："哎哟，我们怎么做这项工作？"

智能推荐系统是一个系统工程，依赖数据、架构、算法、人机交互等环节的有机结合，形成合力，其中有许多关键点需要在研究中密切注意。开发推荐系统的目标，是通过个性化数据挖掘技术，将"千人一面"变为"千人千面"。大千世界、芸芸众生，原本就是多姿多彩的，希望智能推荐系统能让这个世界变得更人性化、更丰富、更美好。

三、小数据与人工智能

虽然人工智能具有强大的威力，但其发挥威力也是有一定条件的：①没有通用的 AI，也没有无所不能的 AI，每种 AI 必须有其适应的任务环境，比如，下围棋的 AlphaGo 不可能马上转型做股票投资；②人能够通过某种方式管理和控制 AI；③ AI 智能体的系统模型结构有标准模型，但其实现方式迥异，开发者和使用者可以对该模型进行创造性的设计；④人工智能以"有界最优化"为理论基础，即在给定时间和计算资源条件下，寻求一个最优的结果。

小数据恰好可以完美地适用于人工智能的上述特征，打造多样化、个性化的人工智能系统。在小数据的支持下和人工智能模型的系统学习后，人工智能可以更好地服务于个体的生产生活。比如，在出行方面，人工智能的加入可以实现人和车的进一步互动，行车数据智能系统可以通过监测车辆运行的各项指标以及周围地面、空气环境等对于车况进行细致分析并及时反馈给车主，降低车主发生意外的概率；在居家方面，人工智能管家的加入可以完成识别访客、控制照明、制作吐司、播放音乐、给孩子讲故事等事务，使人不再为琐事所环绕；在办公方面，人工智能助理的加入可以轻松辅助用户完成琐碎的工作事项；在科学研究方面，人工智能教授的加入可以融合不同学科的知识库，帮助科研工作者进行学术创新。总之，小数据与人工智能的结合是一个双向促进、持续成长的漫长而有趣的过程。我们在赞叹人工智能飞速发展的同时，更加对人类搭建智能体系的高超本领与宏大格局惊叹不已！

四、小数据与智能产品

小数据依托智能产品到底能做什么？换个方式来解释吧，随着智能产品越来越智能，小数据首先能够帮助智能产品完善自身的数据展示方式，再者能够帮助智能产品越来越有个性，使智能产品越来越具有个人标签色彩！对于使用者来说，在私密空间如家中，需要无与伦比的舒适感和安心感；在公共空间如校园里、医院里、公司里，需要的更多是一种无处不在的信任感和归属感。小数据通过不断的学习，逐渐地复杂化，从处理单一自然人的个体发展为处理一间教室的多个自然人组成的个体集合，再发展为处理一个科室的病人组成的复杂个体集合……智能产品提供媒介，小数据提供信息，这对越来越优秀的搭档在智能家居、智慧校园、智慧医院、智慧城市的组建中散发自身的魅力，完美的生活一触即达。

　　企业资源计划系统（Enterprise Resource Planning，ERP）是指以系统化的管理思想为企业决策层及员工提供决策运行手段的管理平台。ERP 系统的应用范围从制造业扩展到了零售业、服务业、银行业、电信业、政府机关和学校等事业部门。不同于商业智能体系（Business Intelligence，BI）采购成本较高、数据体量庞大、服务响应周期长等应用困难，依托 ERP 系统可以建立合理、高效的生产计划编制体系、消灭信息孤岛、实现企业内部的数据共享。但是 ERP 系统所分析处理的只是数据浅层次的语义，其对具体业务操作的指导性较强，但对于决策者来说，系统应用起来较为困难，结果不够直观。ERP 系统对企业整体运营情况的系统整理和控制是不可或缺的，但其唯有与小数据技术相融合，才能更好地构建并不断修缮企业内部的商业智能化体系（如图 3-3 所示）。只有利用这样的系统，才能将 ERP 系统最终深化、升华到企业决策层面的战略思想。

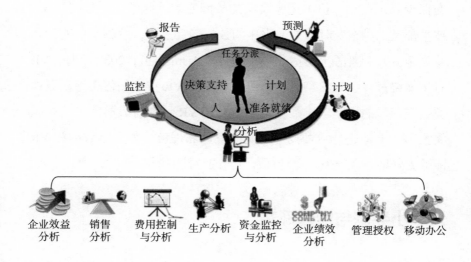

图 3-3　基于小数据思想的商业智能化系统

五、小数据与虚拟现实

虚拟现实技术（Virtual Reality，VR）是一种可以创建和体验虚拟世界的计算机仿真系统，它利用计算机生成逼真的三维视觉、听觉、触觉的感观世界，使人们对所研究的对象和环境获得身临其境的感受。VR 是一种多源信息融合的、交互式的三维动态视景和实体行为的系统仿真。

VR 技术的核心内容是虚拟环境的建立，需利用获取的三维数据建立相应的虚拟环境模型。将小数据运用到 VR 建模的过程中，可以极大程度地还原和丰富 VR 场景的真实度，提升 VR 在数据终端展示的强大威力，特别是在 VR 外设逐渐走进人们视野之际，小数据的精准性可以为 VR 建模提供最为全面、必要的数据。例如，将 VR 技术应用在数字化校园的建设当中，就需要对校园中的地形、地貌、地物和自然景观等进行三维模拟仿真，力图建立动态的立体式虚拟校园，在计算机中还原真实的校园原貌。此外，小数据和 VR 技术都是一种在实时演变、进化的数据运动过程，两种系统的动态发展范式可以相互借鉴。例如，据 Futurism 报道，2030 年时，VR 有望能绕过设备直接与人类思维相连，而 VR 技术如何实现获取人类大脑信号的数据，小数据又如何测度 VR 技术对人类情绪的影响呢？实际上，这是两种技术之间的互动和理解。如果小数据和 VR 能够更好地融合起来，无疑具有巨大的科技前景。

六、小数据与增强现实

增强现实技术（Augmented Reality，AR）将真实的信息与虚拟世界的信息同时显示出来。这两种信息相互补充、叠加，在显示器里把虚拟世界堆叠在现实世界中，并实时地计算摄影机影像的位置及角度，使虚拟影像与真实世界完全匹配并且实时互动。增强现实技术在各个领域中都有很多发展和应用，并且在小数据领域的发展前景似乎更加广阔。比如，在军事上，采用 AR 技术，将相关数据及导航信息叠加到飞行头盔中制订更精准的作战计划；在医疗上，通过移动终端，将 CT 扫描结果叠加到人体不同部位，方便医生在手术中随时观测患者病情；在营销方面，利用 AR 技术实现方案效果的模拟；在教育方面，利用 AR 技术使三维模型与教科书籍等相结合，利用移动终端，实现沉浸式教学，提高教学质量；在娱乐方面，很多公司开发了 AR 游戏，让玩家在现实环境中与虚拟的人物互动等。未来，AR 技术可以与小数据更好地融合，为个体展现更加直观的可视化数据，实现更加逼真的场景模拟，在个性化时代大有作为。

第四章

小数据蕴含的大智慧

一、小数据的逻辑

（一）参数估计和假设检验：小样本的描述分析

参数估计（Parameter Estimation）是指用样本的统计量去估计总体参数的方法，包括点估计和区间估计。

点估计（Point Estimation）是指用抽样得到的样本统计指标作为总体某个未知参数特征值的估计，是一种统计推断方法。一般对总体参数的估计包括两类：一种是用样本均值去估计总体均值；另一种是用样本概率去估计总体概率。同时我们会计算样本的标准差来说明样本均值或者概率的波动幅度的大小，从而估计总体数据的波动情况。点估计还包括了使用最小二乘法对线性回归做曲线参数的拟合，以及用最大似然估计法计算样本集分布的概率密度函数的参数。

区间估计（Interval Estimation）是指依据抽取的样本，根据一定的正确度与精确度的要求，估算总体的未知参数可能的取值区间。区间估计一般是在一个既定的置信水平下计算得到总体均值或者总体概率的置信区间（Confidence Interval），一般会根据样本的个数和标准差估算得到总体的标准误差，根据点估计中用样本均值或样本概率估计总体均值或总体概率，进而得出一个取值的上下临界点。

我们可以将样本标准差记作 S，如果我们抽样获取的有 n 个样本，那么总体的标准差 σ 就可以用样本标准差估算得到：

$$\sigma = \frac{S}{\sqrt{n}}$$

从这个公式中我们可以看到大数定律的作用，当样本个数 n 越大时，总体指标差 σ 越小，样本估计值越接近总体的真实值。有了总体的标准差 σ，我们就可以使用区间估计的方法计算总体参数在一定置信水平下的置信区间，置信区间给出了一个总体参数的真实值在一定的概率下会落在怎么样的取值区间，而总体参数落在这个区间的可信程度的概率就是置信水平（Confidence Level），在统计学中一般认为 95% 的置信度的结果具有统计学意义，实际应用中还需要考虑具体分析目标确定置信度水平。另外，当抽取的样本数量足够大时（一般 $n>30$），根据"中心极限定理"，我们可以认为样本均值近似地服从正态分布。

假设检验是推断统计的另一项重要内容，它与参数估计类似，但角度不同。参数估计利用样本信息来推断未知的总体参数，而假设检验则先对总体参数提出一个假设，然后利用样本信息来判断这一假设是否成立。比如，在产品合格率测算问题中，参数估计回答的是合格率所处的数值范围，而假设检验是说这个参数有多大概率是在我们所估计的这个范围里面，这两个步骤相互联系，没有假设检验的参数估计是不完整的。

（二）贝叶斯推理：小样本的经验判断

贝叶斯推理（Bayesian Inference）是由英国牧师贝叶斯发现的一种归纳推理方法，后来的许多研究者对贝叶斯方法在观点、方法和理论上不断地进行完善，最终形成了一种有影响的统计学派。贝叶斯推理是在经典的统计归纳推理——参数估计和假设检验的基础上发展起来的一种新的推理方法。与经典的统计归纳推理方法相比，贝叶斯推理在得出结论时不仅要根据当前所观察到的样本信息，而且还要根据推理者过去有关的经验和知识。比如，一个朋友开咖啡厅创业，创业的结果无非是两种，要么成功要么失败，但你可能对这个朋友创业成功充满信心，因为你对他的为人有一定的了解，他学习过如何甄选咖啡豆并且认识许多卖咖啡豆的行家，他会研磨咖啡，他认识许多喜欢喝咖啡的有钱人，他善于交际，他家境殷实……因此你可能会不由自主地估计他创业成功的概率可能在90%左右。这种不同于最开始的非黑即白的思考方式，便是贝叶斯式的思维脉络。

贝叶斯推理是从概率论中的贝叶斯定理扩充而来。通常，事件A在事件B发生的条件下的概率，与事件B在事件A发生的条件下的概率是不一样的，然而，这两者是有确定关系的，贝叶斯定理就是这种关系的陈述。贝叶斯定理断定：已知一个事件集 B_i（ i=1,2,…, k）中每一 B_i 的概率 $P(B_i)$，又知在 B_i 已发生的条件下事件A的条件概率 $P(A|B_i)$，就可得出在给定A已发生的条件下任何 B_i 的条件概率（逆概率） $P(B_i|A)$。贝叶斯定理其实就是已知第二阶段反推第一阶段，这时候关键是利用条件概率公式做个乾坤大挪移，即：

$$P(B_i|A)=\frac{P(B_i)P(A|B_i)}{P(B_1)P(A|B_i)+P(B_2)P(A/B_2)+\cdots+P(B_n)P(A|B_n)}$$

贝叶斯定理通过求逆概率来透过现象考察事物本质，即展现了一种逻辑推理方法：在观察到的线索下推断出发生的某种情况。

贝叶斯推理是一种正式的推理系统，它反映了你在日常生活中所做的事情：使用新的信息来更新你对一个事件发生概率的预测。比如，一个汽车4S店的销售人员必须决定要花多少时间在"顺路进来看"的消费者身上。销售人员从经验中总结出，这些消费者中只有很小的比例会买车，但是他也知道，如果这些人目前拥有的汽车品牌正好是经销商有的品牌，则购买的可能性会明显增加。利用贝叶斯推理，销售人员会询问每个"顺路进来看"的消费者目前开什么品牌的车，然后利用这些信息来相应地定位客户。

（三）自助法：小样本的试验评估

Bootstrapping 从字面意思解释是拔靴法，但从其内容实质上来说，Bootstrapping 翻译为自助法是更加恰当的。自助法的名称来源于英文短语"to pull oneself up by one's bootstrap"，表示完成一件不能自然完成的事情。Bootstrapping 的思想是"再抽样"，实质是非参数统计中一种重要的估计统计量方差进而进行区间估计的统计方法。1977 年，美国斯坦福大学统计学教授 Efron 提出了一种新的增广样本的统计方法，就是 Bootstrapping 方法，为解决小样本试验评估问题提供了很好的思路。

统计学中，Bootstrapping 指依赖于重复随机抽样的一切试验，它不断地从真实数据中进行抽样，以替代先前生成的样本。假设抽取的样本量大小为 n：在原样本中有放回的抽样，抽取 n 次。每抽一次形成一个新的样本，重复操作，形成很多新样本，通过这些样本就可以计算出样本的一个分布。新样本的数量通常是 1000~10000。如果计算成本很小，或者对精度要求比较高，就增加新样本的数量，数量越大结果越精确。如果对于一个样本采样，我们只能计算出某个统计量（如均值）的一个取值，无法知道若干个可能的均值统计量的分布情况。但是通过 Bootstrapping 我们可以模拟出均值统计量的近似分布，也就是说 Bootstrapping 可以用于计算样本估计的准确性。

与贝叶斯推理方法相比，Bootstrapping 的优点在于：①无须对分布特性做严格的假定进行分析，因为它使用的分布就是真实数据的分布；②简单易于操作。缺点在于 Bootstrapping 的运用基于很多统计学假设，因此假设的成立与否会影响采样的准确性。

（四）回归分析：小样本的趋势判断

一个数学模型是一种描述两个或者多个变量值之间关系的表达。商业中会在很多方面使用模型——定价是一个常见的例子。如果将定价表示为一个数学模型，人们可以为销售设备、在线报价系统，以及其他有用的应用程序建立起这个模型公式。

（1）线性模型和线性回归

线性模型是一个数学模型，其中自变量和因变量的关系对于自变量的所有值来说是恒定的，也就是说函数关系是确定的。一个线性模型可能会包括常量。假设商品单价为 20 元，定价还包括 100 元的运输费用和保险费用，那么定价模型就是 $y=100+20x$，其中 y 为总价，x 为商品数量。从定价实例中归纳，线性模型可以表达为 $y=b+a_1x_1+a_2x_2+\cdots+a_nx_n$ 的形式，其中 y 是因变量，x_1 到 x_n 是自变量；b 和系数 a_1 到 a_n 为线性模型中的参数。线性模型是一种易于解释和部署的数学模型，它的确定是建立在经过很多理论研究和实际调研的基础之上的。如果我们想要利用线性模型来预测如股价、信用卡用户还款等复杂行为和未知事物，那么就需要估计模型中的各项参数值。基于对历史数据进行统计分析的线性回归方法是估计模型参数的有效方法。

线性回归对一段时间的历史数据进行分析和计算，使线性模型能够"最好"地匹配数据的参数。线性回归方法通过最小二乘准则选择一个最优的模型，最大限度地减少预测值和实际值之间的平方误差。

线性回归是一种功能强大、应用广泛且较为简单的方法，因此线性回归模型在很多领域中都是一种常见的方法。回归分析中，只包括一个自变量和一个因变量，且两者的关系可用一条直线近似表示，这种回归分析称为一元线性回归分析。如果回归分析中包括两个或两个以上的自变量，且因变量和自变量之间是线性关系，则称为多元线性回归分析。理论上讲，非线性的关系可以通过函数变换线性化，比如：$y=a+b\ln x$，令 $t=\ln x$，方程就线性化成了 $y=a+bt$，因此线性回归处理数据的手段比较灵活。

为了检验模型匹配数据的程度，线性回归中经常用到判别系数或者 R^2 作为关键的统计指标。从理论上讲，这个统计指标测量的是能被模型所解释的因变量的变化在因变量总体变化中的比例。如果 R^2 很小，则线性模型需要进行改进。此外，线性回归分析还需要对模型的系数进行显著性检验，如果某个系数不能通过显著性检验，则说明这个系数相关的预测因子对模型没有意义，需要改进。

线性回归的主要缺陷是限制条件较多。首先，线性回归分析需要因变量是连续型变量，在数据缺失的时候需要运用其他方法解决问题；其次，由于假设条件比较多，许多实际生活中的现象无法用线性关系来表现和展示，线性回归的实用价值难以发挥出来；最后，线性回归分析并不知道真实的理论模型，它默认所使用的线性模型能够合理代表所研究对象的行为，在此基础上进行参数估计，可能会曲解事件的真相，最终展示出欺骗性回归的虚假关系。

（2）广义线性模型

我们前面所提到的线性模型是标准的，其假设因变量是连续的，且是正态分布的。然而在很多实际情况中，这个假设是不合适的，所以一个线性模型可能是不可靠的。我们用一个例子来说明这个问题。

例如，假设我们想要建立一名学生的英语成绩会随他所掌握的单词量变化的模型。一个相对标准化的线性模型可能会告诉我们单词量每提升 100，这个人的英语水平能够提高 10 分。但是在实际应用这个预测模型时，我们可能会发现这个模型显著高估了那些单词量已经达到 10000 的学生的英语成绩提高值，而明显低估了那些单词量只有 500 的学生的英语成绩提高值。

这个例子告诉我们，一个标准化的预测模型的针对性比较差，在很多场合中以绝对值表现出来的数量关系并不适合用以解决具体问题。有鉴于此，学者和研究人员加强了对线性模型误差原因的分析，引入了英语成绩变化百分比来改进原有的线性模型。换句话说，通过比值的方法将该模型从线性模型改变为指数或对数性模型，这突出展现了数据变化的相对关系，对于状态变化的影响的测度更为合理。因此，线性模型的外延得到了扩展。

正如我们所说的，标准线性模型需要一个正态分布的因变量，而广义线性模型则只需要因变量属于指数分布族的一员，指数分布族包括伯努利、β、卡方、指数、伽马、正态、泊松等分布。广义线性模型在处理多种不同分布时更有效，并且，广义线性模型在引入一个非线性连接函数后，放宽了因变量和自变量之间的线性关系要求，而仅要求在通过连接函数转化后呈现线性关系。

（3）广义相加模型

广义相加模型是一种非参数回归。线性回归这种技术是参数化的，意味着它们关于数据的一些特定假设，如果为满足模型假设，在错误的前提下进行分析，结果可能是一个劣质或虚假的模型。非参数回归就是为了将模型从线性的假设条件中解放出来，用非参数的方法来探索线性回归分析不可及的部分。

相加模型可以用 $y=b+a_1x_1+a_2x_2+\cdots+a_nx_n$ 来表示，但其自变量的形式还是比较丰富多变的。在相加模型中，可以用更复杂的函数来替代线性方程中的简单项。比如，部分或全部的自变量采用平滑函数来降低线性设定带来的模型风险，在广义相加模型中，因变量同样可以采取指数分布系列中的任何一种形式。

广义相加模型的主要优势是当潜在自变量数量比较大时，能够对复杂的非线性关系进行建模。比如它能够解决 Logistic 回归中，当解释变量个数较多时引起的维度灾难。广义相加模型的主要缺陷是计算过程和方法非常复杂，而且像其他非参数方法一样，广义相加模型有很高的过度拟合性质，模型泛化的能力较弱。广义相加模型同样在医学研究、生态环境保护等领域有很多的应用方法和实例。

（4）Logistic 回归

在具体问题的研究中，线性回归的确能够解决很多问题，但由于回归所用的一般是连续型模型，而且受噪声影响比较大，所以对某一个特定的问题，线性回归并不是最优的解决方案。比如，在认识、理解分类行为方面，Logistic 回归分析方法可能会产生更令人满意的结果。Logistic 回归分析是为了对一个分类变量和一个或多个因变量之间的关系进行更明确的建模。

Logistic 回归实际上是广义线性回归的一种表现方式，其与线性回归的模型形式基本相同，如 $y=b+a_1x_1+a_2x_2+\cdots+a_nx_n$。但它们因变量不同，多元线性回归直接将 $b+a_1x_1+a_2x_2+\cdots+a_nx_n$ 的值作为因变量，而 Logistic 回归在线性回归的基础上，套用了一个函数 L 将 $b+a_1x_1+a_2x_2+\cdots+a_nx_n$ 对应为一个状态 p，$p=L(b+a_1x_1+a_2x_2+\cdots+a_nx_n)$，然后根据 p 与 $1-p$ 的大小决定因变量的值。如果 L 是 Logistic 函数，就是 Logistic 回归；如果 L 是多项式函数，就是多项式回归。

Logistic 回归中最为核心的各环节是：①首先计算事件的发生比，即发生概率 p 与没有发生的概率 $1-p$。②对事件发生比取对数。事件的发生比是一个缓冲，可以将因变量的取值范围扩大，再通过对数变换改变整个因变量。大量的实践表明，经过这两步的变换，因变量和自变量之间呈现线性关系。③最大似然估计法求 Logistic 回归模型的参数。在这一步骤中，通过构造损失函数、似然函数、取似然函数并求似然函数极大值来进行求解。Logistic 回归从根本上解决了因变量为非连续变量的情形。

Logistic 回归用以解决三种分类方面的问题。①二项分类，即因变量只有两种取值可能。如潜在的客户响应或不响应，借款人还款或不还款等。二项分类是 Logistic 回归中最普遍的用途。②多项有序分类问题，即因变量可以有两个以上的值，但各个取值之间有排名次序之分。比如，在某公司开展的用户满意度调查中，"非常满意""有些满意""一般""有些不满意"和"非常不满意"几项答案中是暗含着排名次序的。③多项基数分类，即因变量可以有两个以上的值，且各个取值之间是并列关系，如消费者在选购手机时可以选择"苹果""三星""小米""华为"等。

具体来说，Logistic 回归常用于数据挖掘、疾病自动诊断、经济预测等领域。例如，判断肺癌的诱发因素，就可以罗列出所有的肺癌病症诱发因素并根据这些因素的影响水平和经验数据等预测肺癌疾病的发生概率。通过选取两组人群，一组为患病组，另一组为空白对照组，比较两组人群不同的生命体征、生活方式以及其他外界影响因素等。构建模型时，因变量为二项分类法下的"患肺癌"或"不患肺癌"，而自变量为各影响因素如年龄、性别、饮食习惯、遗传因素、工作环境、细菌感染等。自变量既可以是连续的，也可以是分类的。然后通过 Logistic 回归分析，可以得到自变量的权重，从而可以大致了解到底哪些因素是诱发肺癌的危险因素。同时可以根据该危险因素的权值预测一个人患肺癌的可能性。

（五）正则化：小样本的拟合优化

过度拟合是指一个模型的准确性对训练数据集比对一个独立数据集更高，过度拟合表现在训练数据上的误差非常小，而在测试数据上误差反而增大。对于线性回归或逻辑回归的损失函数构成的模型，可能有些变量权重很大，有些变量权重很小，导致过分拟合了训练数据中所有数据的随机特征，使模型的复杂度提高，在实际运用中对未知数据的预测能力较差。如图 4-1 所示，左图即为欠拟合，中图为合适的拟合，右图为过度拟合。

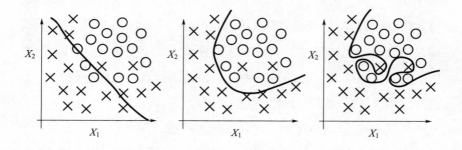

图 4-1　线性回归拟合结果的三种情况

为了分析过度拟合发生的本质原因，我们举一个简单的例子。高中数学里我们都知道，n 个线性无关的方程可以解 n 个变量，解 $n+1$ 个变量就会无法解出来。回归分析中，数据即代表线性无关的方程，模型空间即对应变量。模型拟合过程中，当训练数据过少造成模型空间相对很大时，数据噪声很大会造成过度拟合问题；当模型空间本身过多导致模型复杂时，也容易出现过度拟合过程。

有一些技术可以防止过度拟合，包括对于独立样本的模型验证、$n-$ 折交叉验证和正则化。对于防止模型过度拟合，且在不降低模型中模型空间的前提下减少有效自由度，正则化几乎是神奇的解决办法。为什么说正则化方法神奇呢？主要是由于正则化保留了所有的自变量：正则化模型对目标函数的变量个数引入损失函数的概念，通过减小自变量的参数大小，甚至很多变量的系数为 0 而降低模型的维度，减少损失。正则化方法基于自变量数量对模型进行惩罚，从而限制其复杂性。为了进入该模型，每个新的自变量一定要克服逐渐增加的复杂性惩罚系数。正则化的方法非常有效，因为我们在分析解决一个问题的时候，模型中所有的变量可能都会对预测结果产生一点影响，只不过作用效果不同。不恰当地说，这个自变量颇有几分"食之无味、弃之可惜"的两难之感，而正则化方法则较好地解决了这个问题。

（六）小域估计：小样本的历史数据

近 70 年来，抽样调查的思想、理论体系和实际应用已取得了非常辉煌的进展，这种方法凭借其速度快、经济效益较高、涉猎范围广且与时俱进的优势成为一项能够永续发展的统计技术。在这样的基础之上，人们不再局限于从样本中获得整个总体的参数估计量的层面，而也开始要求对于总体中某些重要的子总体的估计量展开研究。

举个例子，为了研究粮食产量的可持续性问题，我们需要调研某省各市县地区农作物的播种地区面积，但是目前可以获得的公开数据只有这个省的年度数据。毫无疑问，这些数据也是通过抽取大量县城和村庄的田地作为样本进行调查的。这里调查的研究总体是该省的农作物播种面积，样本个体是每块被调研的田地，而各县城的农作物播种地区面积是要分析的子总体。这类需要单独给出估计的子总体也称为域（Domain）或子域（Subdomains）。

从子总体的特点和类别角度来说，域可以是总体中具有某种特殊性质的子总体；而从空间层面或者是样本用途方面来考察，比如，从地理区域的角度来看，域也指相对总体而言区域范围较小的区域。如果落在域内的样本数量足够大，可以进行足够精度的估计，我们就可以将其看作大区域（Large Areas）。不过，当域内样本量很小，甚至为 0 时，估计量会极不稳定，方差很大，很难提供高质量的统计学推断。这种域样本量较小或为 0 的子总体就称为小区域（Small Areas）。在这样的小区域内，人们可以通过改进抽样调查问卷的设计满足多层次需求，获得既能满足自身估计的需要，又能满足其子总体估计需要的样本。然而传统的直接估计方法对这些样本的分析很难奏效，因此孕育出了一种新方法。

小域估计（Small Area Estimation，SAE）诞生于 11 世纪的英国和 17 世纪的加拿大，早期的小域研究主要集中在人口统计学，人口统计将抽样调查和域估计的"潮流"思想引入了政府。随着政府、机构对精确的 SAE 的需求的增长，SAE 被广泛地应用于农业产量调查、疾病及其症状调查、吸毒、酗酒等问题，商业管理如辅助决策者制定政策、项目规划、财政资金分配和地方法规等全社会生产生活中。

SAE 的重要意义是，很多新方案的制定与 SAE 方法的估计结果密切相关，因为创新虽然有实践依据，但却没有历史可言，其样本数据必然不会太多。比如基金分配、教育医疗、环境规划的方案创新等。此外，在一些国家，通过行政手段进行人口普查所获得的数据，可以使用这一算法来对数据进行测评和调整。

SAE 的关键点是如何在样本很少的情况下尽可能准确地估计子总体对象特征的均值、计数、分位点等内容，也就是说对估计量的误差的测定和控制是 SAE 最核心也是最敏感的痛点，由此也衍生了一些有意思的 SAE 分析方法。正如数理统计有经典统计学派与贝叶斯学派一样，实现 SAE 的途径也有经典方法与现代方法。一类是直接估计方法，称为基于设计的估计方法；另一类是间接估计的方法，称为基于模型的估计方法。

基于设计的方法常常采用一种辅助模型作为评价者的构架体系，但是偏倚、方差和评估量等属性需要通过基于设计的算法的随机分布来估计。假定总体参数是固定的，一个估计量的随机分布是通过所有可能获得的样本得到的分布，而这些所有可能获得的样本是在对选取样本的抽样设计条件下从目标总体中选取的。另外，基于模型的方法认为总体结构遵从一个特定概念下的模型："有限总体本身就可以看作某无限总体的一个随机样本。"由假设模型导出的分布提供了所抽中特定样本的相关推断。基于模型的方法已被用来研究直接估计及其相关推断，包括线性模型、非线性模型及随机效应模型。就已抽中的特定样本而言，这些方法提供了真实有效的条件推断。但在模型定义错误的情况下，随着域样本量的增大，基于模型的方法可能很差。SAE 方法在实际应用过程中会面临着方法的选择，要根据不同的调查目的和实际情况选择适当的方法。

（七）随机模拟：小样本的模拟数据

在日常生活中，我们时常发现，诸如几何之类的实际问题，数学解法虽然可以很好地帮助我们解决，如各类微积分、中心极限定理等问题，但是这些公式的计算数据，一般都相当庞大且复杂难解，这就为处理问题的我们带来很多困扰，正是因为客观世界的某些现象之间存在着某种相似性，因而可以从一种现象出发研究另一种现象。比如，在分析一个系统时，可先构造一个与该系统相似的模型，通过在模型上进行实验来研究原模型，这就是模拟，随机系统可以用概率模型来描述并进行实验，称为随机模拟方法。随机模拟利用计算机先进技术，把日常生活中的例子仿真到计算机内部，全部大数据交给计算机处理，我们只需要保证仿真与真实完全吻合即可，过程一目了然，结果简单可行。

蒙特卡洛模拟，也叫统计模拟，这个术语是"二战"时期美国物理学家 Metropolis 在执行曼哈顿计划的过程中提出来的，其基本思想很早以前就被人们发现和利用。蒙特卡洛模拟是一种通过设定随机过程，反复生成时间序列，计算参数估计量和统计量，进而研究其分布特征的方法。蒙特卡洛模拟方法的原理是当问题或对象本身具有概率特征时，可以用计算机模拟的方法产生抽样结果，根据抽样计算统计量或者参数的值；随着模拟次数的增多，可以通过对各次统计量或参数的估计值求平均的方法得到稳定结论。

蒙特卡洛方法是一种通过生成合适的随机数和观察部分服从一些特定性质或属性的数据来解决问题的方法，通过在计算机上进行统计抽样实验为各种各样的数学问题提供了近似解，这种方法对于一些太复杂以至很难分析求解的问题得到数字解法是非常有效的，而且同样也适用于毫无概率性的问题和内在固有概率结构的问题。

二、什么时候想起小数据？

其实，小数据的概念并不神秘，我们之所以不熟悉小数据，是因为它们时时刻刻存在于我们的生活之中，是生活中的内容，亦是生活中的环境。我们已经在前面简单了解了小数据分析方法的本质和应用方向，但我们还是要进行反思，希望你也能和我们一起思考：什么时候才能敏锐地察觉到自己正在处理的大部分事情，都是小数据问题呢？

　　笼统地讲，小数据至少在下面几个领域里是主流的分析方法：

　　（1）企业决策方案的制定与选择。一直以来，小数据能够解决的是一个职员数量有限、行业容量有限的企业的个性化发展问题。大数据的魅力再大，本领再高，我们在进行商业决策时，都要结合本企业的业务特点、企业文化、战略思想和市场环境、行业发展、监管力度进行多维度的深入思考。商业决策的复杂程度要求企业更新运用数据的逻辑，扩展数据分析的格局，强调用新技术解读个体旧数据的小数据思维。具体来说，传统的小数据分析方法可能不再完全契合企业对于决策效果的预测需求，但其对于小数据本质的透彻理解是任何新技术加以运用的基础，因此对于传统小数据分析技术，我们应该取其精华、去其糟粕，在时代发展的进程中不断进行升华。

　　（2）有限数量样本的聚类模型。如国家、州市、运动队、生态环境、行业研究以及其他任何总体本身是有限的情况。在这方面，小数据的作用是巨大的，聚类分析考察的是不同数据之间的相似度。比如，考察一个行业中某一标准下所有企业的竞争力，通过小数据概念下的聚类分析就可以将企业之间进行横向比较，从而找到本企业与行业龙头相比所欠缺的实力。又如，我国乒乓球运动一直在世界上独领风骚，日本、韩国、德国等球队虽然奋力追赶但仍然望尘莫及，如果我们能对这些国家乒乓球国家队的竞技水平的相关影响因素如训练方法、技术特点、教练水平、人种因素、运动员身体素质甚至是政治因素、舆论因素等都纳入考量，加以量化并进行聚类分析，相信可以从数据层面上解读我国国球傲视群雄的原因。

　　（3）科研工作中理论的创新和实践。毫无疑问，科研工作离不开数据的支持，但是科研工作对于数据的要求是很高的。多年以前，虽然从技术水平上来说，数据的精度不高且容易出现时间上的断裂，但是科研工作者以其严谨的数据收集和处理的态度来控制样本量、清洗数据，因此各个领域的学科研究才能够迅速发展起来。随着技术的发展，人类对未知领域的好奇心越发强烈，数据的体量也急速膨胀，数据洪流对于科研工作是一把双刃剑，如何在大数据与小数据之间进行取舍和平衡，是科研工作者在 21 世纪一个严肃又活泼的课题。

（4）哲学思想和小数据思维的共通。《易经·系辞》中所谓"形而上者谓之道，形而下者谓之器，化而裁之谓之变，推而行之谓之通，举而措之天下之民谓之事业"。在这里我们需要了解的是，形而上是指思维的和宏观的范畴，其实就是"道"，既是指哲学方法，又是指思维活动。形而下则是指具体的，可以捉摸到的东西或器物。"化而裁之"是指不但要看到事物的变化，更重要的是要像裁缝一样对变化处置得当。也就是说，要能够确定它变的过程、动力、轨迹、趋向是什么……从哲学维度上看，这告诉我们以变化的思想来认识和看待宇宙中的万事万物。但是将思想落到实处的就是去捕捉事物变化的具体表现形式——各种各样的小数据。《周易·系辞》中有言"仰以观于天文，俯以察于地理，是故知幽明之故；原始反终，故知死生之说；精气为物，游魂为变，是故知鬼神之情状"。宇宙有它的妙趣纷纭、形态万千的表现：天上有日月星辰、风雷云雨，大地有山川河流草木，有人类及诸生物，人类的生存有着日出而作日落而息的诸多活动……宇宙自然的本质规律就在这一切现象中呈现出来，只要我们细心观察，宇宙、大自然的本质就可以被察识、推求，可以被体悟。

所以我们说小数据研究的是个体的本质和变化，这个宗旨是哲学思想在数据层面的体现和运用。此外，数据的理解和应用亦有其"道、法、术、器"，不应盲目追求技术之所及，而应沉下心来，探索数据和未知领域的深层联系。

三、贝叶斯真的能推理吗?

朴素的贝叶斯方法依据贝叶斯定理对事物的现象和本质进行推断和分析。即便如此,随着小数据的内涵和外延进一步扩展,基于小数据的贝叶斯方法可以用于更加精准和个性化问题的预测模型建设中。也就是说,如果你有某个实体的充分数据,并且想了解什么数据对于预测特定事件是最有用的,贝叶斯网络非常有效。让我们举一个例子来进行说明。

例如,我们对一个按揭贷款行为中借款人的信用风险很感兴趣,并且我们在做资信调查时已经收集到了有关借款人、抵押物、当地经济条件等方面的大量多维数据。这时通过绘制的贝叶斯网络图可以帮助我们分析问题。一个贝叶斯简明网络代表一个数学图中变量之间关系的系统,作为节点的变量和作为边的有条件的依赖关系就通过这个贝叶斯网络图表示出来。如图 4-2 所示的贝叶斯网络图可以帮助我们认识并且权衡每个数据项的信息价值,便于集中精力关

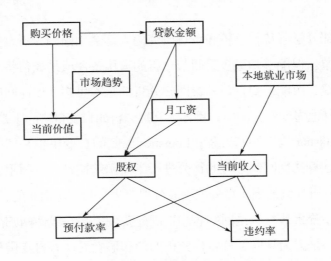

图 4-2 借款人信用风险的贝叶斯网络图

注对借款人违约还款风险影响较大的因素。

通过绘制如上图所示的简单贝叶斯网络，可以将因变量的影响因素和作用关系以一种可视化的方式进行标示，继而建模。需要注意的是，在这样的贝叶斯网络中，各个变量之间的作用关系以实际关系为基准，而不需要假定自变量只作用于因变量。比如，月工资作为借款人还款能力和意愿的重要衡量指标，在既往的分析中，我们也是只考察其对违约率的直接影响。而在贝叶斯网络中，我们可以看到月工资水平受到贷款金额的影响，又与股权的购买和置换有直接联系，股权的掌握又能够直接作用于预付款率和违约率，预付款率又能直接作用于违约率。也就是说，某一个单独的自变量既可以单独影响因变量，也可以通过作用于其他自变量而间接影响因变量。因此，当与业务利益相关者共同定义某个预测模型问题的时候，这是一个很有价值的探索数据的工具。

四、回归分析是力大无穷的！

大部分学习统计分析和市场研究的人都会用回归分析，操作也比较简单。但能够知道多元回归分析的适用条件或是如何将回归应用于实践，可能还要真正领会回归分析的基本思想。线性回归思想包含在其他多变量分析中，例如，判别分析的自变量实际上是回归，尤其是 Fisher 线性回归方程；Logistics 回归的自变量也是回归，只不过是计算线性回归方程的得分进行了概率转换；甚至因子分析和主成分分析最终的因子得分或主成分得分也是回归算出来的；当然，还有很多分析最终也是回归思想！因此我们说多元线性回归分析非常强大，是因为其以各种各样分析方法和形态展现着自变量和因变量之间的因果关系。

在市场经济活动中，多元线性回归分析预测方法可以对市场的发展和变化与其影响因素之间的依存关系进行测算。比如，预测房价走势、股票的走势、医院管理效果的预判、城市用水量的预测、企业人才需求的预估、企业风险控制效果的测评、道路交通事故的分析与预测等。这里我们举一个实例来说明多元线性分析的操作步骤是怎样的。

例如，在公路客货运输量的预测过程中，首先采取定性和定量的方法来确定影响公路客货运输量的因素如人口增长量、国内生产总值、国民工资水平、铁路及水运客运量、人口货车保有量、主要工农业产品产量、社会商品购买力、水陆空货运量等。上述影响因素是研究人员基于文献研究和实践经验进行的分析和汇总，但在具体操作过程中影响因素的数目可以根据重要程度进行筛选。如果遗漏了比较重要的影响因素，模型的预测结果将会大打折扣，同时，如果影响因素太少，则会使模型敏感度太高，同样造成结果的失真。但如果加入了太多的影响因素，则会造成模型计算的复杂化，且随机误差较大。因此影响因素的确定与选择还要考虑很多模型方面的假定和限制条件，这也是很多分析问题要寻求专家的聪明才智和经验来确定影响因素的主要原因。

完成影响因素的确定即自变量的选取环节后，就要建立线性回归方程了。利用最小二乘法原理寻求使平方和达到最小的线性回归方程。紧接着就要进行数据整理。收集历年的客、货运输量和各自变量的统计资料进行整理、审核数据清洗工作。样本数据的清洗和调整工作对于模型预测效果的影响是很大的，因此这个环节要格外细致严谨。

有了规范化的样本数据后，就可以对各自变量的权重值即参数进行估计了。在实际预测中，有多种参数估计的方法，应根据具体问题来选取最合适的方法。参数估计结束后，估计结果是否令人满意需要经过重重的检验才能确定。一般的检验工作必须从五个方面来进行。①经济意义检验：对于经济预测的数学模型，首先要检验模型是否具有经济意义。若参数估计值的符号和大小与公路运输经济发展与经济判别不符合时，这时所估计的模型就不能或很难解释公路运输经济的一般发展规律。那么这个模型其实就是无效的。②统计检验：统计检验主要是用来检测模型的参数估计的可靠性。③拟合优度检验：拟合优度是指所建立的模型与观察的实际情况轨迹是否吻合、接近，接近到什么程度。统计学上是通过用样本数据构造 R^2 统计量来测度拟合优度的，R^2 越接近于 1，表示模型拟合得越接近实际。④回归方程的显著性检验：通过方差分析构造 F 统计量来进行某一置信水平下方程的显著性检验，从而判断回归分析方程的总体效果。⑤参数估计值的标准差检验：估计值的标准差是衡量估计值与真实参数值的离差的一种测度。参数的标准差越大，估计值的可靠性也就越小。通过构造大统计量判断在某一置信水平下参数估计值的可靠性。

然后，需要确定最优回归方程并将其运用到实际经济活动中来检测回归方程的预测能力。最后，也是画龙点睛的一个环节就是将回归分析的参数估计结果转化为理论研究和经济生活治理的重要依据。在公路客货运输量预测问题中，回归分析结果首先可以直观地看出各变量的影响大小，从而进一步完善相关理论；其次参数估计的结果也可以预测该地区今后年份公路客货运输量的变化，从而为相关联的公路运输市场、政策以及相关项目投资的前景做出预判；最后，可以从宏观角度测度公路客货运输量对经济政策等因素的敏感度，以便进行政策评价。

公路客货运输量问题只是多元线性回归分析应用的一个小小场

景，回归分析的应用领域非常广阔，效果往往也很有价值，因此各个层次的分析人员都喜欢不断研究回归分析方法。在大数据时代下，随着机器学习不断成为潮流，回归分析的光芒似乎有所黯淡，但事实上，机器学习是一个新领域的概念，回归分析仍然是主流的分析方法。

五、让小数据逼近真相

随机模拟思想的雏形可以追溯到著名的蒲丰问题（投针试验）计算圆周率 π，但其实验过程及计算比较麻烦，今天我们介绍一种更为简洁、直观的计算圆周率的方法，方便大家更好地理解随机模拟的原理。

我们先构造一个定积分 $I = \int_0^1 \sqrt{1 - x^2}\,dx$，然后画出图 4-3，显然这个定积分就是图中阴影部分的面积，即单位圆的 1/4（$\pi/4$）。为了求出 π 的值，我们要计算出这个积分的值。

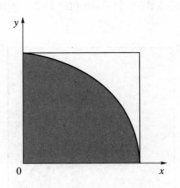

图 4-3　蒙特卡洛法求阴影面积

我们把被积函数与坐标轴围成的阴影部分称为区域 A，阴影部分所在的四方形称为区域 B，区域 A 就代表了积分值。考虑随机地向区域 B 内投点（x，y），则点（x，y）落入区域 A 的频率 p 就是：$p=\dfrac{A}{B}$，接着我们进行无数次投点，只要我们进行足够多次数的投点，就可以得到一个相对准确的估值 p，进而由估值 p 计算出 A（即 $\pi/4$）的值，我们就可以计算出圆周率的近似值。

其实可以看出，上述方法也是一种计算定积分的数值的方法，蒙特卡洛模拟方法对于计算复杂的积分问题十分便捷。我们再看一个简单的大家比较好理解的例子——模拟无理数 $\sqrt{3}$。

由平方 $1^2<3<2^2$，我们得知 $\sqrt{3}$ 是一个大于 1 且小于 2 的数，而 $\sqrt{3}$ 具体值我们只是直接被科学地告知约等于 1.732，但具体为什么我们却没有给出明确解释，其实像这种无理数并不是都不可算，下面我们就应用蒙特卡洛法来对其进行计算验证，并且我们也可以由此类推去计算其他一些无理数的值。

如图 4-4 所示，已知 □ABCD 是边长为 1 的正方形，△ABE 是等边三角形，△ABE 的面积等于（$\sin 60°$）/2，也即是 $\sqrt{3}/4$。同时，通

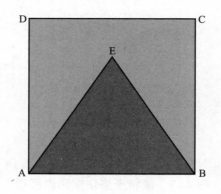

图 4-4　蒙特卡洛法求

过计算机实验我们可以在 $\square ABCD$ 区域内产生大量服从均匀分布的随机数，由蒙特卡洛概率算法，当随机数的数量足够大时，$\triangle ABE$ 的面积比上 $\square ABCD$ 的面积近似等于落入 $\triangle ABE$ 区域内随机数的个数比上 $\square ABCD$ 区域内所有随机数的个数。由此，我们可以根据计算机模拟计算 $\sqrt{3}$ 就等于 4 倍的 $\triangle ABE$ 区域内随机数的个数比 $\square ABCD$ 区域内所有随机数的个数的值。

除了数学及统计学专业研究上的应用，蒙特卡洛模拟也越来越被广泛地应用于经济、风险、物理、生物等多个领域。蒙特卡洛模拟不仅是一种优秀的研究方法，也是日常商业活动中不可或缺的分析法。如某零售商希望进行一次商业营销活动，并已经通过历史营销数据建立了相应预测模型，但不能确定待营销的客户名单中会有多少人响应，需要做多少的商品备货及预算。此时，便可使用蒙特卡洛模拟，根据客户整体数据，进行大量模拟响应测试，然后分析响应人数的分布情况，从而根据各种结果出现的概率来判断可能需要应对的极端情况。同样在财务分析管理方面，如某企业发现了一个项目机会，未来可为企业带来定期的现金流收入，但流入的金额大小是不能完全确定的。此时，为了评估项目是否值得投入及其投入风险，就可以利用蒙特卡洛技术，根据同类项目的历史数据，模拟其未来的现金流大小以及市场折现率，帮助评估该项目的净现值，来辅助此类的重大决策。

六、与小概率平起平坐

我们生活的最大特点是不确定性，随机现象比比皆是，大起大落常常发生在须臾之间。当随机性的黑天鹅出现时，你可能一夜暴富，也可能在一次失误中回到原点。但我们天生倾向于忽视低概率事件的可能性，无论这些事件会引发多大的灾难。《随机漫步的傻瓜》以深刻独到的视角，告诉我们这个随机世界的规律和运行方式。随机性虽然无法避免，但我们可以学着接受它。就像在投资市场上，如果一个小概率事件可以带来巨额回报，为什么不在这个事件上持续下注呢？换一种思维方式，做"随机漫步的傻瓜"，我们对人生的了解无疑将大为增进。

自启蒙运动以来，在理性主义（我们希望事物是什么样子，才能让我们觉得有道理）和经验主义（事物实际的样子）的对立中，我们一直在责怪这个世界是不符合"理性"模型的"普罗克拉斯提斯之床"，一直在尝试改变人们以适应技术，改变伦理以适应我们对雇用的需求，改变经济生活以适应经济学家的理论，努力把人生塞进某种叙事框架之中。

当我们对未知事物的表现和对随机效应的理解出错时，如果这个错误不会导致负面的结果，那我们就是强壮的——否则我们就是脆弱的。强壮的人能够从黑天鹅事件中获益，脆弱的人则会受到此类事件的严重冲击。我们正因为科学上的某种自我中心主义而变得越来越脆弱，越来越倾向于对未知的东西提出充满自信的结论——这导致了问题、风险，以及对人类错误的严重依赖。正如《随机生存的智慧》中描述的那样，学习随机世界中的生存智慧，破除我们惯用的虚假模式，从容不迫地应对生活中的各种难题，展示我们从未意识到的终极奥秘。

第五章

小数据赋能人工智能

一、小数据决定人工智能的未来

2001 年上映的科幻片《人工智能》(*Artificial Intelligence*)，使我们第一次直观地认识了"人工智能"这个概念。电影中讲述的是一个生存着大量机器人的世界，它们在人类的生活中扮演不同的角色，为人类提供各种服务。这些机器人有人类的样貌，有发达的大脑，它们可以独立地思考，可以辩证地去看待问题，可以完美地完成人类下达的指令，拥有一定的感觉，甚至是像人类一样生活。机器人制造者意识到，这样的机器人，虽然拥有比人类发达的大脑，但是却缺少了一样东西——感情。于是小主人公 David 的创造，就被植入了感情的学习模式。在家庭生活的过程中一点一滴学习人类的行为模式、情感模式，拥有了爱、恨、嫉妒等不同的感情，努力地成为真正意义上的人，这样的情节设定引起了我的注意。人工智能到底是什么？是一堆程序和硬件组成的钢铁架？是电影中可以说话、思考的泰迪熊？还是拥有人类的外表、思维和情感的机器人？这些东西是不是有一天真的会实现？又是如何实现的呢？

1950 年，艾伦·图灵的图灵测试，提出了机器学习、数学证明、知识推理等技术和应用。但是在当时，计算机的技术还没有那么发达，逻辑算法也还没有形成体系，人工智能的发展因此受到了一定的局限。1955 年，科学家做了一个"逻辑专家"的程序，这个程序将所有问题做成了一个树形的模型，进而选择正确的一个来求解，这个程序被认为是最早的人工智能。1956 年的达特茅斯会议上，人工智能的概念被正式提出来，约翰·麦卡锡在此次会议上给出了人工智能的定义：人工智能就是要让机器的行为看起来就像是人所表现出的智能行为一样。而后，有科学家利用轰炸机上的装置模拟出了40个神经元组成的网络。但是在当时，由于计算机硬件条件的限制，人工智能并未引起重视，甚至有看法认为，人工智能无法实现。

到了20世纪70年代，基于符号学派的技术的产生让人工智能有了新的作为。但这时候的人工智能是由专家编制规则，然后进行符号推理的；所以机器只能作为被动的输出方，并未进行自主的学习和推理，也无法自行改变逻辑。这一时期研究人员也提出了机器视觉方面的理论，让机器自主地辨认图片上面的信息。

到了20世纪80年代，"机器学习"开始出现。利用统计模型，将问题转化成统计学概率分布，用这样的概念去发展人工智能。使用最多的传统方法为贝叶斯方法。人工智能在苹果机和IBM上的应用软件，出现了语音和文字识别。与此同时，人工搭建的神经网络也开始发展起来。科学家提出了强人工智能和弱人工智能的概念。强人工智能观点认为，机器是可以有自己的观点、知觉、意识的，能够像人类一样思考。弱人工智能观点认为，机器不会拥有自己的逻辑和意识。

从2010年开始，随着深度学习技术的成熟，人工智能开始逐渐普遍地应用在我们的生活中。到今天，各行各业开始意识到人工智能对于行业的重要性，并将人工智能的应用和发展提上了日程。如今的人工智能技术，除了加深逻辑思维的开发，更多的是考虑到人们生活的实际需求。如应用在医学领域的IBM沃森系统，保密系统的人脸、声音识别，网上购物的推荐等。目前这些应用已经在发挥着自己的作用，但是依旧有一些缺陷需要科学家去解决，优化算法以得到更准确的信息反馈，提高机器的学习能力。

今天的人工智能技术由很多的算法组成，表5-1显示了人工智能技术的关键词语。对于开发者来说，人工智能的方法由很多专业术语组成，随机森林、机器学习、元逻辑、量子计算等，这些理论和逻辑推动了人工智能的不断前行。

表 5-1　人工智能的术语

阶段	术　　语		
小白	奇点	机器人	机器人三定律
	图灵测试	消灭工作	毁灭人类
	西部世界	意识	Alpha Go
看得懂正经媒体报告了	机器学习	神经网络	深度学习
	数据挖掘	知识图谱	分类
	聚类	预测	回归
	时间序列分析	概率论	演绎
	熵	专家系统	机器翻译
	推荐系统	自然语言处理	知识库
	自动驾驶	人脸识别	语音助手
严肃的刚刚开始……	正则表达式	图搜索	启发式搜索
	最小乘二	模拟退火	命题逻辑
	一阶逻辑	自然演绎	自动机
	形式文法	特征工程	分布式学习
	增量学习	动态规划	约束规划
	逻辑程序	Protog 程序	Llsp/Scheme/Clojure 语言
	对话系统	贝叶斯网络	自动规划
	高斯分布	线性回归	局域回归
	生成模型	辨别模型	朴素贝叶斯
	逻辑回归	BP 网络	核方法
	矩阵分解	主分量分析 PCA	支持矢量机 SVM

续表

阶段	术 语		
严肃的刚刚 开始 ……	马尔科夫随机场 MRF	框架问题	决策树
	随机森林	感知器	KNN 学习
	语言模型	分词	实体识别
	关系提取	句法分析	语义分析
	篇章分析	情感分析	文本摘要
	TF-IDF 技术	LDA 模型	奥卡姆剃刀
	卷积滤波		
到这里才 开始理解 什么是 AI	二阶逻辑	自动定理证明	机器人三定律
	SAT 问题	CSP 问题	描述逻辑
	答题规划	概念图	RDF/OWL
	概念修正	因果分析	过程规则
	推理解释	前向链推理	反向链推理
	逻辑归结	模糊推理	语义网
	多 AGENT 系统	竞争神经网络	自组织特征映射
	贝叶斯神经网络	期望最大化	图模型
	分布检验	MCMC 采样	Gibbs 采样
	隐马尔可夫模型 HMM	Hopfield 网络	放射基网络
	规则学习	句法归纳	遗传算法
	进化程序	强化学习	迁移学习
	表示学习	继承学习	细胞自动机
	人工生命	卡尔曼滤波	傅立叶变换
	马尔科夫决策过程 MDP	卷积神经网络	循环神经网络
	对抗学习	提升方法	排序学习
	Haskell 语言		

阶段	术　　　语		
逐渐远离人类	模型论	可能世界模型	局部请议论
	范畴论	Institution 论	推理复杂性
	Wang 拼图问题	逻辑规约	情境论
	模态逻辑	时态逻辑	域态逻辑
逐渐远离人类	时间清算	空间逻辑	认知逻辑
	非单调逻辑	缺省逻辑	值逻辑
	Circumscription（限界）	认知机器人	分布式推理
	不动点	VC 理论	PAC 可学习性
	随机过程	公理集合论	Lambda 测算
	递归论	效用论	博弈论
	哥德尔不完备定理	无免费午餐定理	渐进逼近定理
	微分动力系统	势函数	选择公理
	流行学习	低维嵌入	变分推理
欢迎加入硅基	超递归可枚举计算	不可计算实数神经网络	量子计算
	计算认识论	请义信息论	Kolmogorov-chaitin 复杂性
	计算学习理论	社会机器	元认知
	外记忆	心智扩展	心物问题
	自私的 MeMe		

目前，我们的日常生活中融入了很多人工智能技术。从苹果手机的 Siri、谷歌翻译、智能家居，到金融行业反欺诈软件、军事训练、城市交通等，这些人工智能的引入，让我们的生活更加便捷。尽管有些人工智能还不能完全做到机器自行思考，但是已经可以很好地完成指令，对于已知事件的预测和执行的准确率已经很高了。

与人类做对比，人工智能在某些方面已经可以超越人类的思维。这些人工智能依靠大数据进行学习，从而提高判断的准确率。对于小数据而言，人工智能仍然有很大的发展空间。在原有的基础上，利用小数据，根据个人的情况进行综合的判断，这样的人工智能会更加贴近人们的生活。探寻和训练人工智能在个体数据和小整体上的优化可为未来的发展提供方向（详见图5-1）。

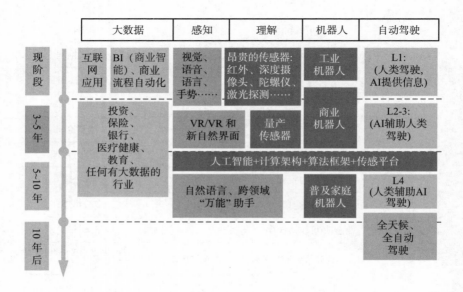

图5-1　人工智能的未来蓝图

二、谁控制了小数据谁才是赢家

（一）无人驾驶系统：小数据应用的新战场

2014年，特斯拉公司开始使用Autopilot辅助驾驶软件。这款软件是安装在车里、辅助驾驶员行驶的软件，通过收集路面信息来进行车速的控制，避免碰撞和打滑。虽然安装了这个系统，但是仍然需要人来进行控制，并对周围的环境有所警觉和提醒。尽管 2016 年装有这款系统的汽车发生了一起严重事故，但是经过对比，装有这款人工智能控制系统的汽车出现事故的概率确实降低了。这说明人工智能对车辆行驶的安全性提高了很多，为未来汽车驾驶软件的制造提供了样板。

2015 年 7 月 20 日，美国密歇根大学与密歇根政府及社区合作，在密歇根大学设立了一个全新的模拟城市 Mcity（如图 5-2 所示），这是一个占地 32 英亩（约 194 亩）的模拟城市。在这个模拟城市中，密歇根大学希望能够进行试验，以改善地区的交通安全、效率以及可持续性。Mcity 因此成为了世界上第一个受到控制的环境，在这样的城市中，主要用于测试连接和自动化车辆的技术。

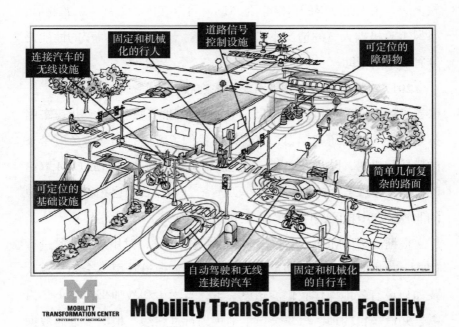

图 5-2　密歇根大学无人驾驶 Mcity 试验场地说明图

Mcity 中有我们非常熟悉的城市交通特征，如交叉路口、铁路道、两个回旋处、砖石路和停车位等，还有模拟的高速公路入口、坡道、人行道、金属桥和隧道。这些对于无人驾驶技术来说都是至关重要的，尤其是在考验传感器性能和敏感度方面。与此同时，除了应用和改善无人驾驶技术，检测传感器的灵敏和应用程度，该试验还希望能够测试所谓的连接车辆。这些连接的汽车或者设施之间可以进行相互通信，从而在事故发生前停止汽车行进。对所有的障碍物、桥梁、行人，我们都能想象成一个个不同的信号。当车辆行进时，这些物体可以告诉汽车，前方有障碍、有冰雪，可能会出现车辆打滑、碰撞的危险，这样的信号传输让车辆能够在极短的时间里做出避让的决策和反应。

在测试中，汽车行驶的速度并不算高，人、车的传感器反应比较灵敏。由于密歇根的气候原因，Mcity 可以在雨、雪甚至是龙卷风、暴风雪等极端天气的情况下进行测试，对于无人驾驶汽车的性能提升有很大的帮助。

2017 年秋天，无人驾驶汽车已经在校园之间提供校车服务。麦卡锡机械工程学院的教授表示，"这个在校园内进行的自动化班车服务是一个关键的研究项目，它将帮助我们了解这种移动服务所带来的挑战和机遇，以及人们如何与之进行互动。校车将增加 U-M 繁忙的校园巴士服务，提供另一种行动选择"。校车目前已在密歇根大学的北校区和中校区运行，车程大约 15 分钟。

根据设想，Mcity 还有跟踪乘客和使用模式，对用户的经验进行调查，收集的数据将有助于研究人员了解如何设计更安全的车辆以及如何更有效地操作它们。想象一下，当学生和教师坐在车上，只需告知汽车目的地，汽车会自主地规划行进路线，根据多维的数据信息进行处理，安全、快速地送学生和教师到达目的地。

除了作为校车，这样的无人驾驶技术在物流等行业也可以有很大的发展，可以增加城市的流动性。比如，在安娜堡市，超市与学生公寓的距离相当远，学生在没有汽车的情况下，坐公交车需要30~40分钟才能到达超市。从超市回来，不但需要大量的时间，还需要大量的空间才能满足放下货物的需要。如果需要购买一些大件商品，那么公共汽车就没有办法满足这样的需求了。无人驾驶汽车可以派专人在超市提取货物，然后输入终点方位，规划路线，那么学生在家门口就可以领取自己想要的物品了。这样的无人驾驶货运汽车，可以更加安全便捷地提供服务。

（二）城市规划：从信息到大数据再到小数据

城市规划是对一个城市就经济结构、空间结构、社会结构的未来发展、合理布局而建立的工程部署。在一座城市中有不同的功能区域，在不同的功能区域中建立相应的设施，以完善城市的功能。一座城市的布局有很多的条件和限制，如地理环境、人文条件、经济发展等，它能有效地协调这些客观的条件，优化当地的城市空间布局，提供更方便的生活。除了具体的功能区和合理布局，还兼备艺术性。如今的城市大都是已经发展起来的。当我们需要建立新的功能区域的时候，目的是合理地选择位置、改善周围居民的生活水平，这就需要我们通过大量的数据和分析来得到最优化的答案。比如美国的芝加哥市，作为全美经济和人口排名第三的城市，是美国在1909年第一个做出的整体城市规划的城市（如图5-3所示）。依托东部密歇根湖建设的国运绿地系统，在城市内部形成防护绿化圈；对于铁路和公共交通的环形设计实现多方的快速连接；而城市主干道的拓宽以及对城市放射性道路、河畔快速路的建设有效地缓解了大城市交通拥堵的弊端；中心商务区和其他区域规划让芝加哥功能区分散，尽量缓解区域发展的不平衡。

图 5-3　芝加哥城市规划百年对比图

在规划城市的时候，为了能够更好地确定城市的布局，相应数据的可视化效果可以起到非常重要的作用。通过对相应数据的识别，对地图、照片上建筑的定位和识别来获得所需要的信息，转化成为可视化效果，通过叠加，利用计算机来得到最优化的布局。

（三）医疗行业：需要更多的小数据和逻辑算法

医疗行业一直是专业度极高的领域。在医学院中，学生要学习的专业术语、准确操作技术非常多。除了学习理论知识、实际操作以外，学生还需要经过在医院的实习，了解大量的病例后才能最终成为一名医生。而从医多年的医生拥有的丰富经验让他们对于患者疾病的判断和治疗方法有极高的准确性。这些技能保证了医生在行医的过程中能更好地为患者提供服务。但是如果将这些数据资料都用人工智能来记忆存储，然后进行分析学习，最后给出专业的意见呢？那是不是就可以更快地为患者提供服务并且能够提高诊断的准确率呢？

随着人工智能的发展和整体水平的提高，人们开始建造人工智能机器对疾病进行诊断。第一部分，是对语言的处理，让机器能够听懂患者所描述的情形。第二部分，是对机器进行长期的训练，让机器中有大量数据的存在和记忆，从而利用机器的分析能力，对患者进行诊断。而对于医疗影像，比如，心电图、放射性照片识别的效率和精准度方面，人工智能确实超过了专业的医生。利用人工智能对于图像的识别，可以降低人为操作的误判率。除了在诊断阶段可以利用人工智能，现在还可以用人工智能去模拟和检测药物，对于药物进入人体之后的变化，人工智能也可以给出分析。

医疗健康中，还包括精神健康、健康管理、营养学、生物技术等，这些可以帮助我们提高自身的生活水平和健康水平，及时发现身体健康方面的问题和隐患，从而进行预防。

2014年上映的电影《超能陆战队》讲述的就是医疗机器人的故事。天才神童Hiro（阿宽）的哥哥给弟弟制造了一款能够诊断疾病的机器人"大白"（如图5-4所示），这个机器人可以通过对人体的扫描来确认受伤的部位。除了生理上的健康问题，还可以通过观察和测试对心理上的疾病进行全面的诊断和治疗。在哥哥去世之后，大白对Hiro的心理疾病提供了多种治疗方法直到Hiro痊愈。在这个过程中，大白还学习人类的行为模式，分辨和处理有用的信息。

自2007年开始，IBM开始研发机器人医生沃森（Watson），为了提高其对于医疗系统的分析能力，还同时收购了两家医疗分析公司，这个技术主要应用在分析癌症病例方面。沃森通过学习海量的数据和病人的资料，在数分钟之内诊断病情，但是这项技术并不

图5-4 《超能陆战队》中大白对疼痛级别的选择

是那么容易就能够使用的。2015年，沃森与休斯顿癌症治疗机构
M.D. 安德森中心停止了合作，主要是因为沃森不能带来更准确的诊断方案。人工智能需要学习大量的样本和数据，还需要通过长时间的训练，但是这些数据本身就很难得到，很多疑难病例的数据很紧缺或者难以进行访问。未来对于人工智能的医疗应用还需要更多的数据和逻辑算法进行支持。

（四）智慧政府和智慧金融：聚焦大数据和小数据

随着互联网的发展，人们的"脑洞"也越来越大。在各行各业，人们都希望能有更便捷的工作方式。利用现有的信息技术，在监管、服务、决策和办公方面将传统办公室依靠人工记录的手段变成电子信息的储存，更快更好地评价和监管业务人员的行为，可以由系统自主地解决一些问题，提高办事效率。对于公安系统、道路交通系统，可以通过联网更快地抓捕逃犯、预测和预防灾害发生；整体的区域规划和政府工作进展也可以通过人工智能的手段来实施。

除了政府，学校也在逐渐地使用人工智能。北京市的体育考试中，学生的测试成绩不再由人工进行记录（如图 5-5 所示）。每一位考生的个人信息、报名信息都储存在系统中；每一个项目录入的时候，都使用人脸识别系统，摄像机捕捉到画面之后，考务员即可看到相应的信息；缺考或者补考信息也会在系统中自动生成。在每一项测试中，使用不同的传感器记录考生的速度、时间、位移和整体的行为，之后自动生成成绩并上传到网络上，保证了信息的准确性，也减少了考务员的工作量。

图 5-5　体育考试仪器敏感测试

　　智慧金融，依靠互联网技术，使用人工智能、大数据、区块链等科技手段开展金融业务。智慧金融的产生，让金融行业在风险控制、灵活高效、便捷安全等方面有了显著提高。对于客户来说，智慧金融可以更好地为客户提供即时的服务，不用受限于时间；在投资方面可以更准确更直观地进行对比，让客户有更好的体验和更小的风险。

　　在证券交易当中，量化交易已经被广泛地应用在交易系统当中。证券分析师通过观察数据分布，就能编写函数设计模型。这些数据通过分析、拟合，可以用来预测证券价格未来的走势。2007 年，逆势研究（Rebellion Research）资产管理公司推出了第一个基于贝叶斯模型的机器学习系统，结合预测方法来进行交易，这个系统对于历史信息和新信息进行处理、预测，从而构造投资组合。这套系统可以对全球 44 个国家的股票、债券、大宗商品等进行交易。香港的 Aidyia 公司也使用了多种人工智能的算法，结合宏观经济数据，对美股进行走势分析。

　　投资顾问对于投资者的评估一般是比较复杂的，要结合其自身的风险承受能力、投资偏好以及个人的资产状况等多种信息进行分析，从而帮助投资者决定投资方向，在服务上也需要耗费大量的时间和精力。智能投资顾问可以借助机器的量化分析，为投资者量身定做投资配置，并且能够定期地监控这些投资组合的走势，为投资者提供实时的服务。个性化的资产配置可以为双方带来利益，比如，嘉信理财（Charles Schwab）推出的智能投顾产品，就是利用蒙特卡洛模拟对市场的投资组合进行动态跟踪来确定和调节资产配置的平衡。

　　日本福冈保险公司（Fukoku Mutual Life）使用了 IBM 的沃森系统来向投保推荐产品。人工智能系统不仅可以根据个人条件和特定算法计算设计产品，还可以帮助保险公司检测欺诈案件。在英国，每天都有约 300 起的保险诈骗案件，这个数字是巨大的，人工智能系统可以通过学习已经认定的保险欺诈案件，对事实和政策进行对比，几分钟内就可以完成检测。此外，人工智能还可以通过物联网和可穿戴设备等办法，为投保人设计个性化的产品。

三、用小数据也能机器学习

（一）学习与机器学习

学习，这个词语涵盖了广泛的定义。字典定义包括诸如"通过学习、指导或经验获得知识、理解或技能"。人类通过学习或者经验来获得知识、理解、技能甚至是情感。我们在学习中了解事物发展的规律，获得专业的技能，为生活和社会提供不同的价值。机器学习是类似仿生学一样的学科。人类希望机器拥有学习能力，像人类一样在获取大量知识、大量数据之后，可以对这些数据进行提取、整理和分析。通过不断的训练、不断累积样本，让机器对未知的结果进行判断。这些经验和数据输入机器当中让机器凭借其运算速度快、存储量大的特点，得到更加准确的结果。

我们谈论人工智能的时候，不可忽略实现人工智能的方法。弱人工智能要求的不是自主学习而是对输入信息的一种反馈。专家设定一定的程序，安装在系统中，然后在使用系统的时候，我们给予指令，后者进行反馈。但是强人工智能要求的是，让机器在学习之后能够自主地思考，从而能够帮助人类完成甚至能够超越人类的思维去完成项目。从最早的符号学，到现在的量子计算，都是在实现人工智能的过程中不断探索。目前，用得最多的就是机器学习方法。我们依赖于机器学习是因为有些任务无法被定义，我们要的不是简单的输入和输出的对等关系，我们希望机器能够通过大量的样本输入，能够在其中找到隐含的关系，从而得到更加准确的输出。像我们说到的数据挖掘，就是从大量的数据中找到可能隐藏的重要的相关性信息，从大量的信息中提取出这些有用信息，过滤掉干扰项。

总体来说，机器学习是一门涵盖了多领域的学科，其中使用的方法包括统计学、概率论、凸分析、算法复杂度等。这些算法应用在人工智能的各个领域，为其提供归纳和总结。机器学习如今大量应用在心理学、生物学、数学、统计学、遗传算法等学科中。对于机器学习的定义，学界有很多不同的说法，Tom Mitchell（汤姆·米切尔）的《机器学习》一书对信息论中的一些概念有详细的解释，其中定义机器学习时提到，"机器学习是对能通过经验自动改进的计算机算法的研究"。

（二）机器学习：从样本中学习的智能程序

机器学习（Machine Learning）的方法分为：有监督学习、无监督学习和表征学习。

（1）有监督学习是指，在给出的样本中，需要给出标准答案。在以后的学习过程中，机器根据给定的标准答案去寻找新数据与标准答案的相似性。这种相似性越强，样本就越接近标准答案，效果越好。这样的学习给出的答案一般不会太复杂，比如，对或者错，然后一点一点叠加样本的数量，通过大量的训练提高机器的学习能力和正确率（如图5-6所示）。

（2）无监督学习是指不去人为地给出一个标准答案。在数据样本输入机器中的时候，只按照某些特征去分离，然后让机器自己去寻找特殊的特征。这样学习的特点是需要降维，数据一般是多维度的。当这些数据输入的时候，其中可能有很多是不需要的，这些干扰选项需要通过降维将其去除，从而得到一些高质量的数据，并进行处理。

（3）表征学习是指通过不同的形式来表达数据和解释问题。

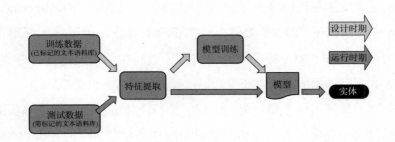

图 5-6　机器学习的过程

（三）深度学习：从大数据中学习

深度学习（Deep Learning）是机器学习中的一种，这个概念来自对人类神经网络的研究，用以表达和发现更深层次的特征和树形。深度学习主要是对事物的表征进行学习。深度学习希望能够模拟人脑，多层次地去理解文字、图像、声音的信息，从而提取不同层次的信息。通过模拟人脑对于信息在神经元之间的传递，看穿深度的信息。比如，手机中的语音识别功能、图像识别功能，都是深度学习的结果。深度学习有的时候会加入过多的参数，因为其结构复杂，考虑的事项很多，所以需要对数据进行筛选，留下有用的数据，否则就变成了过度拟合的结果，反而不利于应用。

（四）强化学习：从经验中增强

强化学习（Reinforcement Learning），又称增强学习、再励学习、评价学习，是一种重要的机器学习方法，在智能控制机器人及分析预测等领域有许多应用。所谓强化学习就是智能系统从环境到行为映射的学习，以使奖励信号（强化信号）函数值最大。强化学习不同于连接主义学习中的监督学习，主要表现在强化信号上，强化学习中由环境提供的强化信号是对产生动作的好坏做一种评价（通常为标量信号），而不是告诉强化学习系统（Reinforcement Learning System，RLS）如何去产生正确的动作。由于外部环境提供的信息很少，RLS 必须靠自身的经历进行学习。通过这种方式，RLS 在行动评价的环境中获得知识，改进行动方案以适应环境。

学习从环境状态到行为的映射，使智能体选择的行为能够获得环境最大的奖赏，外部环境对学习系统在某种意义下的评价 (或整个系统的运行性能) 为最佳。

（五）迁移学习：用小数据也能学习

迁移学习（Transfer Learning）是指在机器训练中产生的数据标定会发生无法使用的情况。在此情况下，重新标定训练数据可能会使这些数据失去意义和时效性，迁移学习可以挑选旧数据中有用的加入新的数据中成为新的训练模型。

迁移学习，可以算成半监督学习，给定一些特征和少量样本，这些标定的样本数量较小，但是有大量的不确定样本，可以利用已有的样本对这些不确定的样本进行学习分类。

四、会学习的小数据更强大

（一）翻译软件：一点红解无边春

2016 年，震动全球的 AlphaGo 软件，它在围棋领域打败了世界排名第一的人类围棋选手，成为首个击败人类大师的人工智能产品。AlphaGo 结合了三大技术：先进的搜索算法、机器学习算法（强化学习）以及深度神经网络。此三大技术的关系为：蒙特卡洛树搜索（MCTS）是大框架，是许多博弈 AI 都会采用的算法；强化学习（RL）是学习方法，用来提升 AI 的实力；深度神经网络（DNN）是工具，用来拟合局面评估函数和策略函数，这种神经系统网络目前在翻译器中得到了很好的使用。

谷歌翻译作为谷歌公司的一款在线翻译工具（如图 5-7 所示），已经推出十年之久，能够翻译 100 多种语言，甚至可以识别餐单和方言，成为最受全球人民喜爱的翻译工具之一。几年以前，我们在使用翻译器翻译内容时，经常发现完全看不懂翻译出来的是什么，可以说翻译器基本上就是把每一个词在对应的位置上摆出来，再加上一点简单的逻辑，比如，主语、谓语、宾语的位置不会出错。网上盛传着一个笑话，"How old are you"？翻译为"怎么老是你"？这是个笑话，但是也多少说明了这个问题。那个时候的翻译系统并没

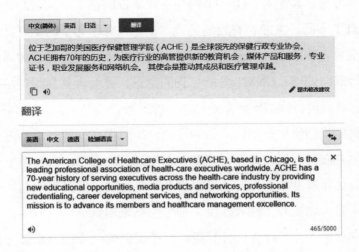

图 5-7　谷歌翻译软件的翻译示范

有按照人类的思维逻辑去进行。今天，再次用这款软件翻译一大段话的时候，我们能发现，一段话基本的逻辑没有错，只是有个别的专业术语和长句子有轻微的逻辑问题。谷歌翻译的准确率较以往的结果提高了不少，甚至已经能够注意到语序、语意甚至语气。

谷歌的翻译系统对翻译进行了神经网络的机器学习，谷歌神经网络翻译（Google Neural Machine Translation，GNMT）系统可以有效提升单句翻译效率。谷歌工程师研究团队发现，这种算法在处理整个句子时非常有效，可以将错误率减少 60% 左右；而且，该系统还能够及时地调整翻译的准确度。

根据谷歌的说法，新型翻译模式的翻译错误率可降低55%~85%。而此前的系统是逐字逐词地翻译，准确性较差。在一次语言精确度测试中，谷歌翻译的旧模式得到了 3.6 分（满分是 6分），而 GNMT 翻译结果则得了 5 分，略低于人力翻译的平均得分5.1 分。GNMT 的底层结构为一个长短期记忆网络，工作模式与人类的记忆模式类似，常规的翻译算法是将一个句子分成各个单词，这些单词再与字典配对，GNMT 则与常规使用的基于单词的翻译系统（PMBT）不同，它能够有效地进行"记忆"一个句子的始终并分析整句话或者整段话，再通过机器学习进行翻译。因此谷歌翻译就能够进行双向处理：GNMT 分解单词的意思，进而再整合到句法成分之中，最后再将此结果翻译成另外一种语言。

根据我们使用数字化产品的经验，新一代产品的升级必定会带来其他方面的问题，如运行速度、占用运行内存等。谷歌新型翻译模式的翻译速度从历史的角度来看并不是很快，但是谷歌利用了一些技术极大地提升了翻译速度，神经网络采用分层计算方式，利用谷歌专业化人工智能优化计算机芯片所提供的处理能力来强化自己的翻译效率。这样，此前需要 10 秒钟翻译完的句子，如今只需要

300 毫秒就够了。

当然，谷歌的翻译系统还没有达到十全十美的程度，甚至会犯下许多人力永远不可能犯的错误，如遗漏单词、错译人名或罕见的术语等，甚至偏离了整个句意而没有根据上下文翻译句子的真实意思。不过，对于 GNMT 翻译系统的培训将会不断改进谷歌翻译产品的准确率与速率。

（二）关联推荐：以数言而统万象

网购是目前青年人必不可少的活动之一。当你在网购心仪的商品时，有没有注意过在网页的某处会出现类似商品的推荐？或者在你浏览网页的时候，一些网页的广告竟然在推荐你前天运用搜索引擎搜索过的商品？或许你会觉得这样的推荐很人性化，但是并没有深思过这样的现象是如何出现的，这与我们的人工智能与机器学习也是密不可分的。

比如，要在亚马逊上给仓鼠买笼子，输入的关键词是：两层、透明、全套。搜索出来各式各样的基本符合要求的笼子，然后，打开几个我认为比较合适的笼子，对比之后最终选择了一款买了下来。接下来几天，当我再次打开亚马逊的时候，发现下面窗口中弹出了一些仓鼠床铺、食物、玩具，尤其是可以安装在购买的笼子上的一些吊床等。过了一段时间，我发现亚马逊又推荐了一些跟我买的笼子很像的新款，它们包含更多的功能，而且有一些质量和评价都很好。

好的推荐应该是个性化的，作为消费者在购物的时候被收集的信息多得令人难以置信。软件或者厂商可以获取我们的性别、位置、社交媒体点赞和分享内容、购买历史、产品查看操作、购物车丢弃行为，有时甚至知道我们的大学位置和家庭收入，这仅是部分个人信息。有足够的数学证据表明，如此多的不同因素之间存在的模式和关联不仅仅是巧合，要在电子商务网站上提供良好的、个性化的推荐，零售商需要一个能大规模地识别这些模式的引擎，关联规则便是这种引擎的核心所在。

关联规则是最先被想到的推荐方法，但也曾经出现过极其荒谬的事情。当时 IBM 的工程师苦于没有数据集，于是杜撰了一个数据集作为关联规则的核心，结果跑出了啤酒和尿布这一奇葩关联，最后竟然大家都相信了。这虽然是一则笑话，但由此引发出的关联规则和数据库的关系成了关键所在。关联规则最重要的就是发现共现关系（挖掘频繁项目集），经典算法有 Apriori 算法、FP-Growth 算法。关联规则的应用场景是大量的用户购买了 A 之后还会接着购买 B 和 C，于是一旦发现用户购买了 A，系统就会给用户推荐 B 和 C。这个应用场景放在购物上是非常合适的，因为我们购物往往是根据当前的需求，也就是说用户购物的兴趣点是随着时间变化的。关联规则也可以给用户推荐完全不相似的物品，比如，购买了数码相机，系统会推荐 SD 卡（安全数码卡）、数码相机电池等。

亚马逊最先提出运用此方法进行基于物品的相同过滤，基本思想是预先根据所有用户的历史偏好数据计算物品之间的相似性，然后把与用户喜欢的物品相类似的物品推荐给用户。举个例子，物品 a 和 c 非常相似，因为喜欢 a 的用户同时也喜欢 c，而用户 A 喜欢 a，所以系统把 c 推荐给用户 A。这也就解释了为何厂家或者互联网能够基本准确地预知我们想要购买的商品。

关联推荐对于改变我们的生活产生了重大影响，未来的购物或许会是，想象我们进入一家商店，将一些服装带入试衣间，当进入试衣间时，智慧穿衣镜自动识别这些商品。试穿行为可能被视为类似于在线"查看产品"的行为，您将商品放入"不喜欢"堆中，相当于"从购物车中删除"的行为。商品之间的共同特征会被监视，比如，试穿短裤的倾向。与此同时，一个平板电脑或智慧穿衣镜正在跟踪这些实时行为，并根据每种操作来调整推荐。您可能看到根据您试穿的一件连衣裙而产生的另一件连衣裙的推荐，通过单击平板电脑上的"试穿"按钮，商店服务员就会送来符合您的尺码的连衣裙。当然，我们的购物清单或许也会根据算法在购物前被预测或推荐。

（三）生物识别系统：半瓣花上说人情

科幻电影当中经常出现这样的情景，假设你是詹姆斯·邦德，现在必须进入一间秘密实验室，解除一件致命的生物武器，拯救整个世界。但是，在此之前，你必须破解罪犯的安全系统。要进行破解，光有钥匙和密码是不够的，你或许还需要使用罪犯的虹膜、语音和手形数据，只有这样才能进入系统。生物识别系统是近年来兴起的另外一个人工智能与机器学习的成果。不管是我们使用的iPhone 指纹识别、Siri 的语音识别，还是计算机登录的面部识别甚至是电影中的视网膜识别，生物识别技术已经慢慢成了我们生活中取代传统人工识别与安全防范措施的重要工具之一。生物识别技术能够通过计算机与光学、声学、生物传感器和生物统计学原理等高科技手段密切结合，利用人体固有的生理特性，来进行个人身份的鉴定。生物识别技术大致分为六种：指纹识别、声音识别、视网膜识别、虹膜识别、面部识别、静脉识别。

生物识别系统看起来非常复杂，但一般会涉及以下三个步骤。

（1）登记：当首次使用生物识别系统时，系统将会记录输入的信息，如姓名或身份证号码。捕获影像，或者记录具体特征。

（2）存储：与电影中看到的相反，大多数系统并不存储完整的影像或记录，而是分析输入数据的特征，然后将其转换成代码或图形。某些系统还能将这些数据记录在可随身携带的智能卡上。

（3）比较：当下一次使用该系统时，它会将现有输入特征与文件中的信息进行比较，根据比较结果接受或拒绝身份申明。

生物识别技术也渐渐应用到其他非生物方面，如车牌识别、数字识别等。以图像识别为例，机器学习在其中扮演了很重要的角色。我们人类的视觉是与生俱来的，但是究竟图像是如何通过视网膜进入大脑从而翻译成我们大脑可识别的信息，我们依然不清楚。事实上，对我们来说不需要有意识去做的事情对于机器来说却是困难重重。机器学习可以最大限度地代替人眼来进行图像内容的识别与筛选。要想完成机器图像识别，第一步便是图像的分类，当我们向计算机展示一幅图片时，它能够对图片进行分析并打上标签；它可以从固定数量的标签中进行选择，每一类的标签描述了一种图像的内容，我们的目标就是让这个模型能够尽可能地挑选出正确的标签。第二步为监督学习，就是让机器自己能够学习图像的评估。我们定义一个通用的数学模型，将输入图像转换为输出标签，提供初始的参数值，然后再向模型输入图像数据集和已知的正确标签，这就是训练的过程。在这个阶段模型重复校验，训练数据，持续调整参数值，目标是找到合适的参数使模型输出尽可能多的正确结果，这种同时使用输入数据和正确结果的训练方法叫监督学习。在经过了以上两个步骤后，我们便能得到所需的识别模型参数，也就完成了机器学习的过程。

（四）垃圾邮件检测：一粒沙里见世界

电子邮箱是科技发展的产物，也是现代社会必不可少的工具，但是垃圾邮件和垃圾短信一样，是我们生活工作时无法避免的烦恼。电子邮件检测与防网络钓鱼系统能够有效地阻止垃圾邮件并且保护我们的计算机与信息安全。谷歌在 2016 年底刚刚宣布会在谷歌邮件（Gmail）中增加一些新的安全功能，包括基于机器学习技术改进后的网络钓鱼检测功能。调查显示，在 Gmail 中收到的邮件中有 50%~70% 都是垃圾邮件，机器学习技术可帮助谷歌以超过 99.9% 的准确性来阻止垃圾信息和网络钓鱼信息。谷歌最新的机器学习模块，通过拖延选择性信息（平均少于 0.05%），以赢得时间进行网络钓鱼分析，来改进处理过程。当用户点击了一个可疑链接时，新的检测模块通过统一资源定位符（URL）信誉和相似性分析，生成新的 URL 点击时间警告，这一安全功能会向用户提供警告提示。随着新模式的发现，新型模型比人工系统适应得更快，用得越久越有效。

机器学习帮助 Gmail 实现了垃圾邮件检测的 99% 以上的准确性，通过这些新的保护措施，机器已经能够自信地每天拒绝数以亿计的其他信息，减少我们所面临的威胁。

第六章

未来科技依赖小数据

一、小数据驱动复杂系统的优化

（一）复杂系统与小数据

（1）复杂系统简介

复杂系统理论（System Complexity）是系统科学中的一个前沿方向，它是复杂性科学的主要研究任务。复杂性科学被称为 21 世纪的科学，它的主要目的就是揭示复杂系统的一些难以用现有科学方法解释的动力学行为。与传统的还原论方法不同，复杂系统理论强调用整体论和还原论相结合的方法去分析系统。目前，复杂系统理论还处于萌芽阶段，它可能正在孕育一场新的系统学乃至整个传统科学方法的革命。生命系统、社会系统都是复杂系统，复杂系统理论的应用在系统生物学的研究与生物系统计算机数学建模中具有重要的意义。

复杂系统（Complex System）是具有中等数目基于局部信息做出行动的智能性、自适应性主体的系统。复杂系统是一个很难定义的系统，它存在于世界的各个角落。因此，我们也可以这样定义它：①不是简单系统，也不是随机系统；②是一个复合的系统，而不是纷繁的系统；③是一个非线性系统；④内部有很多子系统（Subsystem），这些子系统之间又是相互依赖的（Interdependence），子系统之间相互起到协同作用，可以共同进化（Coevolving）。在复杂系统中，子系统分为很多层次，大小也各不相同（Multi-level & Multi-scale）。

复杂系统的主要特征如下。

①智能性和自适应性。这意味着系统内的元素或主体的行为遵循一定的规则，根据"环境"和接收信息来调整自身的状态和行为，并且主体通常有能力来根据各种信息调整规则，产生前所未有的新规则。通过系统主体的相对低等的智能行为，系统在整体上显现出更高层次、更加复杂、职能更加协调的有序性。

②没有中央控制的局部信息。在复杂系统中，没有哪个主体能够知道其他所有主体的状态和行为，每个主体只可以从个体集合的一个相对较小的集合中获取信息，处理"局部信息"，做出相应的决策。系统的整体行为是通过个体之间的相互竞争、协作等局部相互作用而呈现出来的。最新研究表明，在一个蚂蚁王国中，每一只蚂蚁并不是根据"国王"的命令来统一行动，而是根据同伴的行为以及环境来调整自身行为，而实现一个有机的群体行为。

另外，复杂系统还具有突现性、不稳性、非线性、不确定性、不可预测性等特征。

（2）复杂系统分类

通俗地讲，系统可以分为三类。

①简单系统（Simple System）。简单系统，特点是元素数目特别少，因此可以用较少的变量来描述，这种系统可以用牛顿力学来加以解析。简单系统又是可以控制、预见和组成的。在管理学中，这种组织一般出现在组织的初期，如一个班级，抱着同样的目的，有同样的背景，组成了一个简单系统。又如，排成一列的买票长队，也是一个简单系统。

②随机系统（Random System）。随机系统，其特征是元素和变量数很多，但其间的耦合是微弱的，或随机的，即只能用统计的方法去分析。热力学研究的对象一般就是这样的系统。这样的系统在

社会上并不多见，但彩票就是关于随机系统的一个很好的例子。

③复杂系统（Complex System）。复杂系统的特征是元素数目很多，且其间存在着强烈的耦合作用。复杂系统由各种小的系统组成，如，生态系统是由各个种群、各种生物组成的。生态系统是复杂系统一个最好的例子。当然，管理学中，经常把一个公司看作复杂系统，它兼有简单系统和随机系统的各种特征。

复杂性科学所感兴趣的正是最后一种有组织的复杂系统。因为对于第一种系统来说，传统的牛顿力学范式的分析方法已经给出了这类系统行为的很好的解释。而对于第二类系统，由于其元素数目太多，必然因元素间的耦合而"失去"个性，从而能够用统计方法去研究，成为一种简单的系统。所以，复杂系统的元素并不是数目多就复杂，具有中等数目大小的系统如果是一个有趣的系统，也是一个复杂的系统。

（二）复杂系统的小数据特征

（1）小数据的秩序

复杂性系统具有秩序与混沌的双重特点。它有一定的秩序，我们身体中的血液循环管道系统、肺脏气管分叉过程、大脑皮层、消化道小肠绒毛……蕴含了严谨的结构，参天的大树、连绵的山脉、洁白的雪花、奇异的矿石，更是具有近乎完美的秩序。一个复杂性系统不管它表现出如何复杂的行为，它总是有着潜在的秩序，尽管有时它们可能不为人知。

（2）小数据的混沌

复杂性系统还具有混沌的特点。一个复杂性系统的复杂行为并非出自复杂的基本结构，而是由许多独立的甚至相当简单的单元的相互作用形成的，它的控制力是相当分散的。在分形理论中，分形图结构相当复杂、层层叠叠、无穷缠绕，有着无穷的嵌套结构和多重自相似性，然而它是由计算机通过确定的算法得到的，而且这些算法往往相当简单。

1987 年，洛杉矶新柏利克斯公司（Symbolics Corporation）的Craig Reynolds（克雷格·雷诺兹）在一个人工生命研讨会上展示出了一个计算机模型，它将若干鸟类模型随机地放入到处是墙和障碍物的屏幕环境之中。每一只"鸟"都遵循三个简单的规则：①它尽力与其他障碍物包括其他"鸟"保持最小的距离；②它尽力与其相邻的"鸟"保持相同的速率；③它尽力朝其相邻群的聚集中心移动。这个模型每一次运行的结果都是"鸟"聚集成群。有时"鸟"群甚至能分成更小的群体从障碍物的两旁飞过，又从障碍物的另一端重新聚集成群。这些规则中没有一条这样说，而只是对每一个单独的"鸟"发出指令。由此看来，每个复杂性系统都具有某种动力，这种动力使最简单的底层的规则产生极其复杂的行为，然而这些行为与决定论不可预测的混沌相差甚远。分形图形的结构是复杂的，它总是有无穷的缠绕在里面，然而它却杂而不乱，有其内在的秩序，有自相似结构。而事实上，复杂性系统不是不可预测，而是可以预示将来。

（3）小数据的超出混沌

复杂性系统除了具有混沌的部分特性外，还有着超出混沌的特点。

①产生复杂行为的众多的相互作用使每个系统作为一个整体产生了自发性的自组织。"柏德"聚集成群，原子通过相互化合找到最小的能量状态，人类为满足自己的物质交换的需要建立经济体制等。在所有这些情形中，一组组单个动因在寻求相互满足的同时获得了众多单个动因永远不可能具有的集成的特征。

②这些复杂的，具有自组织性的系统可以自我调整。"柏德"群分成小的群体从障碍物的两旁飞过，又从障碍物的另一端重新聚集；人类在与世界的接触中不断学习，人脑随之不断加强或减弱神经元之间的无数的相互关联；经济中的价值规律即价格随价值波动但长期的总的结果趋于平衡。

③所有的复杂性系统都可以预示将来。"柏德"在遇到障碍物后分成更小的群体，但之前的聚集状态预示着它仍然会再次聚集。长期的经济衰退会使人们的消费信心下降，这恰恰又预示着经济会进一步衰退。从微小的细菌到所有的生物体，其基因中都含有预测的密码，以适应某种未曾出现过的新环境。

（三）数据驱动的复杂系统优化：大数据与小数据

过去我们对于复杂系统了解得不太多，另外复杂系统科学进步速度较为缓慢，主要是因为数据采集手段不多，导致数据不够。但现在的情况正在改变。比如，社会系统、生态系统、细胞中各种大大小小的分子构成的网络、神经系统等，可以大规模观察它们并把数据记录下来。分子、细胞、个体、网站、社会团体、生态系统等各个层次的复杂系统在本质上应该是相同的，尽管它们的基本组成单位不同，导致会有很多不同之处，各个层次都有自己的规律和原理，但共性和个性，前者更基本。具体表现在它们可能拥有共同的基本链接原理，需要能统一处理它们的新数学理论，即复杂系统的"小数据系统"。这种数学理论能有效地处理大数据和相互联系，我们不知道这种数学理论和统计学的关系是什么，更不知道谁会是下一个牛顿或莱布尼茨，会在什么时候出现，也不知道在未来的某一天，数据科学和复杂系统科学是否会像数理化一样成为中学生的学习课程。

数据科学与复杂系统有一个共同的终极目标，就是预测。但后者还寻求基本原理。前者是后者的基础，因为要理解复杂系统，不但需要大数据和小数据，还需要对大数据和小数据进行有效分析。

这两门科学的发展对人类社会的影响会有多大？不知道，可能非常大，就像原始社会的人不会想到他们的后代会有今天这样的成就一样。因为这两门科学的发展需要以技术的进步为基础，如各种系统需要有效的大规模观测和记录的仪器，以及对各种仪器设备所产生的大量数据进行有效分析的计算机，如测蛋白质和核酸序列的第三代测序仪、大型天文望远镜、量子计算机、人体构造、仿真机器人、城市布局等。我们需要了解的是小数据的复杂性和复杂系统的小数据系统。

（四）人体构造：每一组数据都蕴藏一个奥秘

我们每个人作为一个独立的个体，都有一套与生俱来的复杂系统，这就是人体。人体是由细胞构成的，细胞是构成人体形态结构和功能的基本单位，形态相似和功能相关的细胞借助细胞间质结合起来构成的结构成为组织。几种组织结合起来，共同执行某一种特定功能，并具有一定形态特点，就构成了器官。若干个功能相关的器官联合起来，共同完成某一特定的连续性生理功能，即形成系统。人体由九大系统组成，即运动系统、消化系统、呼吸系统、泌尿系统、生殖系统、内分泌系统、免疫系统、神经系统和循环系统。

这九大系统经过几千年的演化帮助人类克服各种灾害、疾病与困难，使人类存活在这个地球上。每个系统有着不同的功能分工，缺一不可。

人体拥有的这九大生物系统，保障了人类能够繁衍至今而没有灭绝。虽然看起来这些系统需要很多配件进行配合，犯错的概率会增大，但是比起那些一个错误就会致命的结构简单的生物，人类的复杂系统反倒不会轻而易举地被破坏，原因就是人体同时存在着容错系统。肠胃不会因为自身酸性极高的胃酸而被腐蚀；运动时心脏会加速跳动以适应血氧需求；血压升高时心率会反射性下降以缓解血管承受的压力……人体如此庞大的一个系统在运行过程中确实会经常出现错误，但是正因为人体复杂系统的精妙，以人类的自我协调能力，发生疾病的概率远远低于"配件"出错的概率，足以使人类在地球上延续至今。

（五）仿真机器人：每一个人都是一个小宇宙

仿真机器人又称机器人仿真系统，是指以计算机为基础，用程序或软件对实际机器人系统进行模拟或操作的技术。复杂的系统可以通过低层次的代理在环境中与环境进行沟通和交互，表现出高层次（紧急）行为。这些高级行为不容易从代理的低级行为规范中推导出来，因此仿真是探索这些系统的行为的关键组成部分。然而，在构建可执行仿真之前，复杂的系统需要以适当的计算术语来建模，即捕获各种代理、通信以及它们与环境的交互的术语。

（六）城市布局：每一座城市都有一段数据史

人类在解决了自身繁衍问题之后，会有更高的生理以及心理需求，这个时候，"城市"便产生了。对于城市，世界上没有一个明确的定义，但大多以人口阈值作为标准。一个最普遍的定义就是"人口集中，居民以非农业人口为主，工商业比较发达的地区，是一定地域范围内的政治、经济、文化中心"。在古代中国，"城市"的定义应该分为"城"与"市"两个部分，"城"代表着城墙、守卫以及区域，"市"代表着市场、交易、买卖。对于中国来说，城市的定义大概应为一个人口密集聚居、有城墙进行保护，同时能够进行交易与买卖的区域。目前考古发现人类最早的城市是在两河流域中下游公元前 3500 年的苏美尔文化时期，有尼普尔城、古巴比伦城，中国有考古发掘证明的最早城市在河南偃师二里头，年代为公元前 2100~ 前 1700 年。经过了上千年的演化后，城市也拥有了自己的一套复杂系统来维持自身的运转，如大小城市应如何按结构配置？每个地区的城市规模应该有多大？城市间、城市地区间合理联系的程度与物质、能源、人口、信息流的程度如何控制？

就现代城市来说，一个城市大体有以下四类复杂系统：城市社会系统，由城市的政治系统、文化系统和人口系统构成；城市产业经济系统，由第一产业、第二产业和第三产业组成；城市空间系统，由城市要素的选址、城市空间集聚程度以及城市空间形态组成；城市其他系统，包括了城市市政基础设施系统以及社会设施系统。联合国人类住区规划署在 2009 年指出全世界半数以上的人口居住在城市地区，而且这个数字到 2030 年有望增长到并超过 67%，达到约 50 亿人。随着城市的发展以及城市化进程的加快，城市人口越来越多，城市需要的资源也会越来越多，城市会慢慢衍生出一些新的系统来解决出现的问题或满足人类的需求，如公共交通系统、城市慢行系统、城市标识系统、城市生态系统、城市防灾减灾系统等。

城市作为一个"人造物"，至少近期不太可能做到和人体一样通过精密的系统协调机体的整体运作，所以出现了一系列的城市问题、城市病，如人口膨胀、交通拥堵、环境污染、生态破坏、资源匮乏、城市贫困等，但是随着城市系统越来越完善，城市的整体运作能力将会越来越强大，向人体系统看齐。近些年，规划界一个新词频繁出现，那就是"韧性规划"。"韧性规划"主要考验的是一个城市应对突发状况时的抵抗能力以及恢复能力，与人体的容错机制有些相似。这一开放性、包容性的城市思维在很大程度上挑战了传统的城市规划思想，更加注重利用跨领域合作的策略空间来规划城市的发展方向。简单地说，我们可以把现行的"土地使用规划"视为单行道，而把"策略空间规划"看作双向道。例如，极端降雨所造成的洪水问题，常常对城市产生威胁，但由于极端降雨的强度与频率都具有高度不确定性，用工程手段（如超大堤防、超级抽水管）来应对的话，不仅花费不菲，也无法确保城市能得到100%的保护。从策略空间规划的角度，凭借跨领域的讨论与协调，可以提供较多元且全面的应对措施（如滞洪区管制、抽排水系统管理），进而降低极端事件所造成的影响，提高城市各个系统的应急能力与恢复能力。

二、小数据推动自适应系统的进化

（一）自适应系统与小数据

（1）自适应系统简介

自适应（Self-Adaptive）是指处理和分析过程中，根据处理数据的数据特征自动调整处理方法、处理顺序、处理参数、边界条件或约束条件，使其与所处理数据的统计分布特征、结构特征相适应，以取得最佳的处理效果。

自适应过程是一个不断逼近目标的过程。它遵循的途径以数学模型表示，称为自适应算法。通常采用基于梯度的算法，其中最小均方误差算法（即LMS算法）尤为常用。自适应算法可以用硬件（处理电路）或软件（程序控制）两种方法实现。前者依据算法的数学模型设计电路，后者则将算法的数学模型编制成程序并用计算机实现。算法有很多种，它的选择很重要，决定了处理系统的性能质量和可行性。

自适应系统是复杂系统中的一种。自适应系统是一种可以自行修正的控制系统。前面提到复杂系统的特性是多元素的信息之间有错综复杂的关系，改变运行的环境和新的信息会对系统产生影响，而人为地去修正这些影响将是一项庞大的工程。

传统的控制系统在运行过程中一般都设定有线性的数学模型，这个模型是在运行前就已经确定的，但是随着环境的变化和变量条件的改变，很多时候我们是无法确定这样一个线性数学模型的，而且只有当模型中所需已知量确定的时候才可以进行分析和控制器设计。

随着数字技术的发展，这样的系统能够在应对环境变化的时候自行调整，使其在运行的过程中，在条件允许的情况下，根据输入和输出数据进行学习，进而去适应新的环境，始终保持能够获得最优化的或者次优化的行进办法。自适应控制就是希望能够自动地去补偿这些未知的变化。

自适应系统也是需要模型的，但是自适应系统的模型有一些特征。首先是对于信息的在线累积和对于系统的可调整性，因为原有数据具有不确定性，对于数据的累积可以降低这样的不确定性，而且原有模型中的参数值也是不确定的，有质量地增加数据，可以调整参数值。对于模型来说，也是可以调整的。对于性能指标的控制，主要有对模型参考、自动校正、收敛性、鲁棒性的控制。

（2）自适应系统分类

1952 年，美国麻省理工学院首先研究制造出了测试性数字控制系统。之后出现了增益自适应控制、模型参考自适应控制（MRAC）、自校正控制（STC）、直接优化目标函数自适应控制、模糊自适应控制、多模型自适应控制和自适应逆控制等。目前比较成熟的是模型参考自适应控制和自校正控制。

①模型参考自适应控制主要应用于电力拖动领域。在解决船舶自动驾驶的问题上能有效地应对外界环境的变化，比如，风力、波浪的变化对于船舶自动驾驶时性能的改变，满足船舶的操作安全。

②自校正控制系统主要用来辨识过程参数。系统主要用于优化性能指标和对常规性指标进行综合校正，一般使用最小方差方法、最小二乘法和最大似然法，使用这些方法能使系统的性能达到最优。

（二）自适应系统的小数据特征

（1）自适应控制是一门研究具有不确定性系统控制问题的学科。它是"工程控制论"基本学科中的一个分支学科。自适应控制可以看作一个能根据环境变化智能调节自身特性的反馈控制系统，以使系统能够按照一些设定的标准在最优状态工作。自适应控制在航空、导弹和空间飞行器的控制中应用很成功。

（2）自适应滤波器是能够根据输入信号自动调整性能进行数字信号处理的数字滤波器。作为对比，非自适应滤波器有静态的滤波器系数，这些静态系数一起组成传递函数。

对于一些应用来说，由于事先并不知道所需要进行操作的参数，如一些噪声信号的特性，所以要求使用自适应的系数进行处理。在这种情况下，通常使用自适应滤波器，根据使用其反馈来调整滤波器系数以及频率响应。

总的来说，自适应的过程涉及将价值函数用于确定如何更改滤波器系数从而减小下一次迭代过程成本的算法。价值函数是滤波器最佳性能的判断准则，比如，减小输入信号中的噪声成分的能力。

随着数字信号处理器性能的增强，自适应滤波器的应用越来越常见，时至今日它们已经被广泛地应用于手机以及其他通信设备、数码录像机和数码照相机以及医疗监测设备中。

（三）复杂自适应系统与强人工智能的实现：大数据与小数据

强人工智能是能够与人类智能相匹配甚至超越人类智能的人工智能，具有强人工智能的机器能够成功地表现出人类具有的所有智能。强人工智能是人工智能研究的终极目标，也是科幻小说作家和未来科学家的重要话题。相对于强人工智能的是弱人工智能，它通过使用软件来研究或实现特定的问题求解或推理任务，不以实现全部的人类认知智能为目标。

关于强人工智能的基本原理和哲学争论仍在继续，目前人工智能的研究主要是弱人工智能。人工智能发展了 50 多年，在崎岖不平的道路上取得了可喜的进展，特别是与机器学习、数据挖掘、计算机视觉、专家系统、自然语言处理、规划和机器人等相关的应用带来了良好的经济效益和社会效益。但是，弱人工智能是先天不足的，因为它试图通过程序的执行去模拟复杂的人类智能。即使算法无比卓越、计算机的运算速度无比快速，运用最先进的人工智能技术造就的计算机的智能也比不上一个初生婴儿的智能。

强人工智能的实现是可能的，但是思路要改变，通过线性执行程序去模拟智能的方法是有其极限的，这是不可突破的瓶颈，因为弱人工智能中广泛使用的符号表示和搜索往往是很难的。即使量子计算机被成功研制，运算量不再是个问题，精心编制的软件也足以保证机器通过图灵测试，但是关于通过图灵测试是否意味着强人工智能的争论仍然存在。因此，我们需要回到问题的源头：智能是什么？它是如何产生的？

人之所以具有如此丰富而复杂的智能表现，是因为人类智能的来源——大脑的复杂性。人类中枢神经系统中约含 1 000 亿个神经元，仅大脑皮层中就约有 140 亿个，这些神经元之间具有高度复杂的相互联系。正是大脑的这种复杂性，为智能的复杂表现提供了生物基础。每个神经元与周围的神经元相互联系，并不存在对所有神经元的统一控制，若干神经元共同作用形成大脑的某个功能区，大脑各个区域各司其职，协同作用，最终形成了智能。这些都是复杂自适应系统的表现，复杂自适应系统的一个重要特征是涌现现象。所谓涌现，是指复杂系统的多个要素组成系统后，出现了系统组成前单个要素所不具有的性质，这个性质并不存在于任何单个要素当中，而是系统在低层次构成高层次时才表现出来，所以人们形象地称其为"涌现"。对作为复杂自适应系统的神经元网络而言，智能就是其涌现现象。

因此，我们认为智能作为一种高级生命现象，想用线性执行程序来模拟的方法注定是蹩脚的，智能是一种复杂自适应系统的神经元网络的涌现现象。所以实现强人工智能的最可行的方法是用人工神经网络模拟搭建类似的复杂系统。这是一项庞大的工程，也是一片广阔的研究领域。在研究过程中，自上而下的方法是有帮助的，如将复杂网络分解成自我意识模块、记忆模块、情绪模块等。我们认为自我意识（Self-Awareness）同样作为神经元网络的涌现现象，在强人工智能的实现中起到了核心作用。

（1）复杂系统与复杂自适应系统

复杂自适应系统理论（CAS）是在 1994 年 Santa Fe 研究所成立十周年时，由霍兰德（Holland）教授在题为"隐藏的秩序"（*Hidden Order*）的报告中提出的。CAS 理论最基本的思想是自适应性产生复杂性。我们把系统中的成员称为具有自适应性的行为主体（Adaptive Agent），简称为主体。所谓具有自适应性，就是指它能够与环境以及其他主体进行交流，在这种交流的过程中"学习"或"积累经验"，并且根据学到的经验改变自身的结构和行为方式。整个系统的演变或进化，包括新层次的产生、分化和多样性的出现，新的、聚合而成的、更大的主体的出现，都是在这个基础上实现的。

CAS 理论把系统的成员看作具有自身目的与主动性的、积极的"活的"主体。更重要的是，CAS 理论认为，正是这种主动性以及它与环境的反复的、相互的作用，才是系统发展和进化的基本动因。宏观的变化和个体分化都可以从个体的行为规律中找到根源。

神经元网络是复杂自适应系统的典型例子，十分明显地体现了复杂自适应系统的上述七个特征。在神经元网络中，每个神经元与周围神经元相互作用，这种相互作用是高度非线性的；每时每刻，都有大量神经元死亡，同时又有大量神经元产生，神经元与神经元之间连接的拓扑结构和连接强度随时都在变化。单个独立的神经元是不具有智能的，它只是生化反应的载体，但正是从数以亿万计的神经元相互连接构成的神经元网络中涌现出了智能。

了解了智能的来源后，我们就明白了，为什么通过线性执行程序去实现强人工智能的方法是行不通的。这种方法试图通过一种与形成人类智能截然不同的途径去实现智能，用线性去模拟非线性，用确定去模拟随机，最后发现面对的是令人望而生畏的计算复杂度。

因此，实现强人工智能的最可行的方法是搭建类似神经网络的复杂系统，这是一项庞大的工程，但并非不能完成的任务，需要神经生理学家、心理学家、计算机专家和数学家的密切合作。

（2）自我意识

很多人都不同意通过图灵测试作为具有智能的标准，反驳的理由主要是图灵机并不能像人一样真正理解语句后面的意义，它或许可以操作语法，但无法理解语义。为表明这一点，塞尔设计了"中文房间"思想实验：设想你坐在一间有两个小孔的屋子里，从一个小孔递给你一些你根本不认识的中文字符，也就是说你完全不知道这些字符的意义。但是你有一本操作规程，根据该操作规程你可以把递给你的那些中文字符转换为另一些中文字符，然后将这些新的字符从另一个小孔送出去。简单地说，我们对这个房间只做下面三件事：①中文字符被送入房间；②按照操作规程，将输入的中文字符转换为另一些中文字符；③将新的中文字符送出房间。塞尔指出，房间里的人完全不理解中文，甚至根本不知道自己所处理的符号就是中文，更不知道自己正确地回答了中文问题。因此，塞尔得到结论，纯形式的符号处理不足以产生心灵（Mind，心灵哲学的研究对象，与智能相关但不同于智能，可以理解为最高层次的智能，如信念、欲望、意图、情感等）。我们认为塞尔的反驳是有力的，但问题的本质是，无论是对图灵机还是对塞尔的中文房间，我们有理由认为它们都不具有心灵，这是因为它们没有自我意识。程序的一大特征是被动执行，程序可以通过逻辑推理进行问题求解，但是它并不能真正理解问题的意义。

笛卡儿（Descartes）有句名言："我思故我在。"对一个智能体来说，关键在于具有思考的能力，也在于能够意识到自己在思考。我们可以随时意识到自身的姿态、身处何时何处；思考时，我们可以意识到自身处于正在思考的状态；我们有信念、有欲望、有意图；我相信……我想要……我打算……而霍华德·加德纳（Howard Gardner）将人的智能分成七类：语言能力、逻辑能力、视觉/空间感、音乐感、形体姿态调节、人际交往能力、内省能力，从中很容易看到，每种智能都无一例外地指向一个"我"：自我意识在智能中处于中枢地位，这正是图灵机所不具有的。没有了自我意识，或许我们就成了刺激-反应体，或者被动行动的行尸走肉，我们意识不到自己从哪来，将去往何处，没有过去也没有未来，这是多么可怕的图景啊。

因此，为实现强AI，在搭建人工神经网络时，必须具有自我意识模块。关于神经元网络如何产生自我意识的机理还在研究中，有以下两个想法值得关注。①自我意识是可以分层次的，从关注自身机体状态和身体姿态的低级自我意识（通常我们不会有意识地去关注）到信念、欲望、意图等高级自我意识。②语言在自我意识形成过程中有着重要作用。我们思考时离不开语言，对自我的意识也离不开语言，语言与思维的关系仍是个令人费解的问题。

（四）自适应巡航系统：大环境与小环境的适应

自动巡航系统在车辆上的应用如今已经很普及了。尤其是当我们在高速路上的时候，长时间地行驶车辆会导致疲累。开启的自动巡航系统对于司机来说可以减少踩踏油门次数，这也是一种休息。但是以前自动巡航系统速度是需要司机自行去调节的，当与前车车距变小时，司机仍需要手动或者刹车才能改变车速。

如今汽车上的自适应巡航系统可以在车速大于 25 公里/时时自动开启。汽车的雷达会自动监测与前车的车距，在雷达探测发现车距小于预定车距时，自适应巡航系统会自动对车辆进行减速处理。对于前方刹车的情况，巡航系统会降低车速，直到低于 25 公里/时后实现"停车/起步"的功能。这样的系统在城市中也可以使用（如图 6-1 所示）。

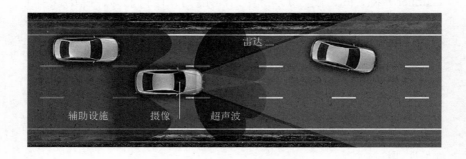

图 6-1 自适应巡航雷达区域示意图

（五）自适应遗传算法：群体与个体的进化

生物上讲，个体的形态特征很大程度上是由染色体和基因决定的。1975年，美国密歇根大学教授约翰·霍兰德（J.Holland）教授提出了遗传算法（Genetic Algorithm，GA）。这种算法是通过模拟达尔文生物进化论中的自然选择和自然进化过程来搜索最优解的过程。某一个种群可能是根据基因在选择淘汰、加入新的基因之后所演化完成的。在这个过程中，淘汰的基因和新加入的基因数量上应当相同，以保证种群的大小不变。种群的演化实际上是一直在进行的，不会终止。但是对于算法程序来说，我们需要给定一个计算停止的条件。这样，当我们定义好所有的元素后，选择一个种群，就可以通过算法得到最优解。这个过程使用概率的方法、不确定的规则去寻找最优解。

遗传算法的基本运算过程是，通过对初始化基因的适应度评价进行选择，将优化的个体和新加入的个体带入下一步的运算中。接着进行交叉和变异运算，在变异运算的过程中可以对原始的基因进行变动。而后根据设置的终止判定条件终止运算，这个终止条件一般为给定的阈值。当算法中的个体达到这个阈值的时候，输出具有最大适应度的个体，这个个体就是最优解。

自适应遗传算法是对基本遗传算法中的基因中的遗传参数进行调整提高运算速度和精度，主要是通过对种群规模、计算流程、遗传算子、参数设计的改变，求解对于GA算子的影响力。自适应算法中的群体策略提出种群的可变性，对于不同种群的特征有不同的优化。

三、小数据助力模糊系统的应用

（一）模糊系统与小数据

（1）模糊系统简介

客观现实中存在需要模糊的概念，这样的概念不是一个确定的概念，不是简单的对与错可以判断的，但是我们希望对这样的概念进行分析从而得出一个确定的结论，利用模糊数学的方法和思维去处理模糊概念。1965年，美国的扎德创立了模糊集合论，模糊集合论是用来描述模糊的概念的，他将这些模糊概念作为集合，以数学为基础，研究这些不是"非黑即白"的状况，通过建立一定的隶属函数，对这些模糊的概念进行运算。1973年，他给出了模糊逻辑控制的定义和相关的理论。1974年，英国的马姆得尼（Mamdani）用模糊控制语句组成模糊控制器，这项研究第一次在锅炉和蒸汽机上的成功运用标志着模糊控制论的诞生。

传统的控制是精确的，可以用来控制简单的系统，但是对于元素多、变量多、信息多而且概念模糊的系统，传统的控制就没有办法做到了，这就需要模糊控制的出现。模糊控制给予的是一个非线性的控制，是智能控制的范围，除了有系统化的理论外，还有实际的经验来操作，模拟人类的思维，将这些经验和信息转化成语言，对其进行推理和判断，从而避开数学方程式中只能进行规则的判断，而不能转化和学习经验中的判断信息弊端。这样的系统对于人工智能来说，是至关重要的。

广义的模糊系统理论是指推广通常的系统理论得到的，以模糊集合的形式表示系统所含的模糊性并能处理这些模糊性的模糊理论，主要包括模糊数学理论、模糊系统、模糊决策和模糊逻辑等方面的内容。

狭义的模糊系统理论就是指模糊系统，包括模糊控制、模糊信号处理、通信及可能性理论不确定性的度量等（如图6-2所示）。

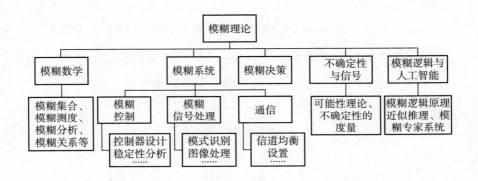

图6-2 模糊系统理论框架

（2）模糊系统分类

模糊系统主要有三种类型。

一种是纯模糊逻辑系统。这种系统仅由模糊规则库和模糊推理机组成，可以说是后面两种系统的基础，因为它的输入值和输出值都是模糊集合（如图6-3所示）。

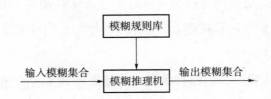

图6-3 纯模糊逻辑系统

在应用的时候我们需要精确的数值，因此，在此基础上，科学家建立了另外两种模型：高木－关野（Takagi-Sugeno）型模糊逻辑系统和 Mamdani 型模糊系统。高木－关野型模糊逻辑系统的输出值在没有模糊消除器的情况下仍然是精确值，能够充分利用参数估计的方式来确定系统参数，但是不能充分利用专家知识，其自由度也受到一定限制。Mamdani 型模糊系统是在纯模糊逻辑系统中加入了模糊消除器和模糊产生器，所以其输入值和输出值都是精确值，这个系统可以在实际的工程中广泛应用（如图 6-4 所示）。

图 6-4　Mamdani 型模糊系统

　　模糊控制目前在我们的生活中与智能控制、神经控制、算法优化相结合，并为其提供基本的理论基础。这些结合可以为人工智能和机器学习提供很好的内部程序。模糊控制与其他控制方法的结合产生了很多新的火花。主要有以下四个方向。

　　①模糊控制与智能控制的结合主要应用在模糊 PID 控制器上，这种控制器主要是用来消除误差，增加稳态控制性能，对简单的线性规划进行分析。

　　②自适应模糊控制器就是利用自适应控制系统的理论设计的控制器，利用自适应系统在外部环境改变的情况下自主调节控制器使其达到最优或者次优效果的特点，改变控制规则和算法。

　　③模糊控制与神经网络技术的结合是利用人工神经网络来模拟人的直观思维的方式，由单个简单神经元组成的复杂神经元网络可

以增加控制系统的自主学习能力、表达能力，通过多层映射和神经网络来实现部分或全部的模糊控制和推理。

④专家控制与模糊控制可以提高智能水平，利用专家系统方法注重知识的多层次和分类这一特点，弥补模糊控制规则单一的缺点，专家系统对于知识的组织和表达可以有效增加模糊系统的智能程度。

（二）模糊系统的小数据特征

模糊理论发展至今已有 30 余年，目前，模糊系统在理论和应用两方面都取得了长足的进步，为包括模糊控制在内的先进技术提供了强有力的理论支撑。模糊系统理论在运筹分析、社会科学、模糊控制、人工智能、调查分析、计划、评价等领域均有应用，应用范围非常广泛，从工程科技到社会人文科学都可以发现模糊理论研究的踪迹与成果。下面我们分别从工程科技与社会人文科学的角度，了解模糊理论应用的范畴。

（1）工程科技方面

①型样识别：文字识别、指纹识别、手写字体辨识、影像辨识、语音辨识。

②控制工程：机器人控制、汽车控制、家电控制、工业仪表控制、电力控制。

③信号及资讯处理：影像处理、语音处理、资料整理、数据库管理。

④人工智能及专家系统：故障诊断、自然语言处理、自动翻译、地震预测、工业设计。

⑤环保：废水处理、净水处理厂工程、空气污染检验、空气品质监控。

⑥其他：建筑结构分析、化工制程控制。

（2）教育、社会及人文科学方面

①教育：教学成果评量、心理测验、性向测验、计算机辅助教学。

②心理学：心理分析、性向测验。

③决策决定：决策支援、决策分析、多目标评价、综合评价、风险分析。

模糊系统有以下几个小数据特点。

①小数据的规则性。模糊控制是有规则的，这个规则是由经验或者知识得到的语言控制的规则。虽然没有精确的数学模型和函数，但是这种规则更具有实用性，在使用的过程中会更加简单。对于动态的信息，模糊系统更容易获取有关的信息和分析，对于精确的控制来说，捕捉动态信息并利用它们是很难的，输入值的变化会让系统重新运行一次设定的函数。

②小数据的最优法则。我们经常提到最优化选择，在错综复杂的条件之间选择最优解可以减少机器的运行。模糊控制算法在利用规则间的模糊链接，更容易找到这种最优化的解。这种规则有利于模仿人工控制的过程和方法，利用机器的计算可以比人工考虑更多的变量，设计更准确的路线，花费更少的时间。

③人工策略的小数据实现。尽管模糊控制不能自行调节算法，但是对于人类的想法，模糊控制可以更好地实现而不用受制于传统函数的约束，但模糊控制也存在精度不高的问题，对于一些变量的处理可能并不精确。

（三）模糊系统中的模糊数据需求：大数据与小数据

模糊系统的数据需求自然是模糊需求，如果数据需求是确认的，那么模糊系统早就是传统行业和技术了。数据本身就有很多不确定性和无限可能性，模糊需求是这一切的开始，而且模糊的程度可能不同，它也是我们提到的"大数据商业模式"和"小数据价值链"的关键因素。例如，初级模糊需求，我们要提高订单转化率，如何分析、建议策略、测试运营？而高级模糊需求则要求更高，例如，我们要颠覆现在的自助游，该给用户什么样的产品体验？

这就是复杂系统的机会，因为对于直接关联性，其实不需要"复杂系统"就可以有部分成果了。例如，你刚在网购平台上浏览了一件衣服，系统马上给你推荐类似衣服，总有一定转化率，如果复杂关联性的旅游，这种推荐价值就小多了。用户需要什么？不需要复杂的流程，也不需要花过多时间研究别人的攻略（攻略是每个人的主观感受，有片面的也有偏移的），需要的是通过模糊的需求，让大数据和小数据循序渐进迭代，帮你以最短的途径找到旅游刚需、内心潜在的需求（行、住是刚需，吃喝玩乐需要挖掘内心需求）。

（四）智能手套：小数据的采集

传感器现在已经被我们大量运用于生活中。手机可以记录自己每天走的步数，然后这些数据传入微信中，与好友进行排名。可穿戴设备中，可以记录睡眠时间、运动方式、心率等，还有感应的台灯、热敏感应器，这些传感器，除了有一定的用途外，还记录了个人数据，这些传感器的应用有时候让我们觉得很神奇。

在美国，Wii 游戏机非常流行，其中有一款打高尔夫球的游戏，对战双方通过游戏手柄，感应肢体的实际动作，如同真的在打高尔夫球一样（如图 6-5 所示）。机器对于动作的识别、力度的大小、方向的转移，甚至击打动作对于球体的旋转都有不同的反应，让人在对游戏惊奇之余很好奇机器识别动作的方法，如何能够做到对细微的调整都有感应？

图 6-5　任天堂发布 Wii Sport 高尔夫球比赛游戏

　　智能手套便是利用模糊控制，完成对于动作的捕捉和分析输出。除了传感器和设定的程序外，人为地对其程序进行训练和记录。不同动作、不同细节的输入，让系统学习它的含义，通过大量的训练，使智能手套控制系统能够解析不同动作细微的差别，学习控制反应。

　　日本富士通公司发布了一款智能手套（如图 6-6 所示），是手指手套的样子，这种手势手套嵌入了 NFC 技术（近距离无线通信技术）和基于手势的输入控制接口，在不接触的情况下研究出手指手势识别技术，能够识别模糊的动作实现多任务的运行。据悉，这种识别技术主要是利用腕部的背屈位置，这时手掌完全反转，这是大家在日常活动中不常用的姿势，所以它能够很好地识别操作手势和普通手臂运动。此外，它还定义了很多基于肩部的手势，以此作为坐标系统的中心。这种方式很好地适应了每个人之间的手势变化，也允许使用很多不同的姿势进行手势输入，且操作的姿势不会让人难堪。

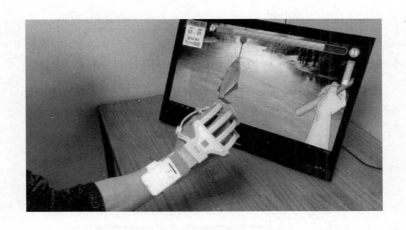

图 6-6　智能手套恢复训练

这种智能手套可以通过加入传感器记录个体的操作习惯，通过观察和学习个体的差异，了解每个人的操作习惯，进而能够更好地掌握每个人的动作力度大小和位移的大小、速度等信息，可以更好地为个人提供服务。

（五）循线系统：小数据的学习

让机器人行走有多种方式，其中一种是根据地上的标识来行走，以移动机器人作为载体，使用红外、可见光摄像机或其他视觉传感器来完成自主循线行走路线。在空间较小，地面障碍物不多的情况下，循线机器人可以很好地完成相应路径的行走。

在制作循线系统（如图 6-7 所示）训练时，我们通常会在地面贴上一定的标识，比如，与地面颜色相差较大的线条标识。我们希望机器人能够在扫描地面的时候，自主地识别出标识。比如，地面是灰白色，那么我们可以选择使用黑色的胶带作为标识，让机器人

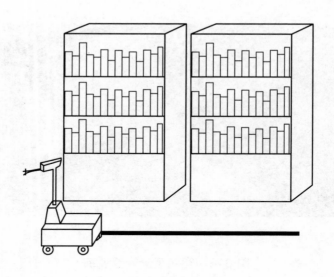

图 6-7　循线系统

去识别。如果是黑色地面，我们可以选择红色或者其他对比鲜明的颜色。对于这样的机器人，我们会预先设定程序，然后对其进行"教育"。由于干扰项的数量和质量可以充当标识，我们可以利用模糊系统对其进行设定。

　　假设，我们现在需要利用机器人在图书馆检索图书，对所有图书分区域进行扫描。为了能让我们的机器人按照指定路线完成对整个图书馆的检索，就必须让其拥有沿指定路线行走和简单的趋避障碍物能力。由于书架之间的距离很近，图书馆的地面相对平滑工整，我们在每两个书架中间贴上黑色的线并且设置干扰项，当其检测到干扰项的时候，会利用模糊系统对干扰项进行分析，最后输出干扰项是否是干扰项的数据；反之，当检测到我们设置的标识时，机器人模糊系统会进行判断，最后给出其是否是标识的判断，从而向前行进。通过一定的传感器探测地面色调迥异的两种色彩，从而获得引导线位置，修正机器人运动路径；感知导引线相当于给机器人一个视觉功能，当遇到障碍物的时候，模糊控制系统会对其进行反馈，从而实现减速、转向等一系列的动作。

循线系统让机器人可以严格遵循我们制定的路线行进，也有能力趋避一些简单的障碍物，增强机器人在无人环境下工作的稳定性，使其可以完成检索图书馆不同区域的任务。

（六）模糊控制：小数据的应用

越来越个性化的家电让我们在使用的过程中方便了很多。新型家电拥有很多令人惊喜的功能，比如，可以利用程序和 Wi-Fi 对它们进行控制。上班前，我们把脏衣服放在洗衣机里，晚上下班前，可以打开程序，设定洗衣时间，然后回到家，刚好可以晾衣服，或者可以运行程序，清洗洗衣机、冰箱，甚至还可以自动地辨别食物的腐坏。当食物放在冰箱中的时间过长，冰箱会自动提醒食物已经过期。通过对冰箱杀菌的扫描，可以找到过期或者腐坏的食品，设置提醒，让主人及时地扔掉腐坏食物。比如，把榴莲放在冰箱中，榴莲的气味会影响冰箱中的其他食物，甚至在每次打开冰箱的时候都能闻到，有时会影响别人的生活。这种智能冰箱就可以通过除味系统将冰箱的味道吸收干净，再次打开冰箱的时候就不用担心有气味而不敢买榴莲吃了。

除了这些功能，还有模糊控制对家电的影响。洗衣机有不同的档位调节，针对不同的衣物、不同的洗衣时间需求和供水的需求等，比如，快洗程序跟常规程序的使用方法就不一样，可以同步进行漂洗、脱水、甩干等。洗衣机在设定同一程序的时候，也会有衣物多少不同的问题。模糊控制针对衣物重量、材质对洗衣程序进行模糊控制；对少量衣物，用少量的水来清洗；对大量衣物，使用大量的水来洗涤；确定不同的水位高低、时间长短。相对传统洗衣机无论重量多少、数量多少都采取同样的水位、同样的清洗方式来说，新型洗衣机可以减少对衣物的磨损、缠绕和资源的浪费。

四、小数据创新小数据系统的发展

（一）小数据系统与小数据

（1）小数据系统简介

小数据在个人行为分析中有许多应用。智能手机收集的数据对于个人行为分析非常有用，因为智能手机无处不在，人们去哪里都会携带智能手机。截至 2016 年，美国有 72% 的人口拥有智能手机。同时，随着手机上传感器的应用，我们日常生活的行为活动都能够被口袋中的智能手机记录，比如，步行、跑步、骑行以及 GPS（全球定位系统）与导航功能。智能手机同时还具有回顾性自我报告的自我监控方法，人们在准确回忆先前事件时容易出现错误和偏见，而智能手机具有在日常生活中更接近实时参与者支持活动数据捕获的优势。智能手机数据能够用来实施慢性病预防和管理、自由行为研究以及自我管理。一些慢性疾病，如糖尿病、哮喘或者肥胖，发现和治疗过程大多发生在患者日常生活中，而不是临床环境中。所以在过去几年，许多智能手机应用程序能够收集并共享患者的相关健康数据以便更快速地使患者得到最佳治疗。风湿病的治疗可以通过智能手机对患者病情活动的监测给医生提供实时信息，同时收集相关患者日常移动指数（活动情况如步行时间、步行速度、步行距离等），通过加权平均值进行反馈，心血管疾病的治疗可以根据智能手机对于患者饮食与体重的监测提供反馈意见。除了对慢性疾病的监测，智能手机数据还可以为人们提供自我管理的机会，通过数据收集和个性化反馈，帮助用户了解自身的健康状况，鼓励用户选择健康的生活方式。

小数据系统指的是为个人定制的、更直接和亲自收集小数据而设计的服务和工具。小数据系统通过重组多样化、跨渠道的信息，创建了一个更一致、更具有可操作性的数据收集系统，用于改善我们的健康、生产力等，我们通过网络来接受这种服务。这与传统的以提供者为中心的服务不同，服务只关注并访问在其平台内发生的行为的局部视图。

（2）小数据系统进展

生命流系统（Lifestreams）是加州大学科研团队建立的一种用于小数据行为分析的模块化数据分析工具集，主要包括设计技术挑战、设计原则以及四个软件模块（特征提取、特征选择、聚合推理和可视化管理）。

①设计技术挑战包括了智能手机数据转换和减少信息过载。手机传感器的原始数据并不能直接用于分析，因此需要特定的数据转换技术来提取与这些数据相关的程序特征。例如，由一系列 GPS 坐标和 Wi-Fi 信号组成的原始位置数据与行为分析几乎无关；使用智能手机数据进行行为分析的前提是我们可以从这些数据中发现问题，根据数据从而改善护理人员的决策。不幸的是，护理人员已经处于信息超载的边缘，平均一个初级保健医师每周可能会收到 1 000 份测试结果，所以要求我们提供的数据能够有临床相关性，通过多次研究来确定真正有用的数据，以减少护理人员的工作量。

在实验中，团队用推理方法对一个数据集提出了三组分析结果，以帮助理解一个真实的行为研究数据集。此数据集为年轻妈妈的饮食、压力和运动。通过 2012 年 1 月—2013 年 3 月对 56 名居住在洛杉矶地区的年轻妈妈进行研究。共有 54 名妈妈完成了研究任

务，其中 44 名妈妈使用了智能手机收集数据，她们肤色各异，年龄
在 18~40 岁之间，15 名妈妈全职工作，24 名兼职，17 名在家工作。
参与者可以选择打开或关闭移动数据收集。从 44 名妈妈那里收集了
3 834 天的行动数据，最少 5 次，最多 202 次，平均 87 次。由于所
有妈妈的整个学习日数为 7 272 天，参与者平均在学习期间的一半
时间内提供了移动数据。除了进行数据收集，还进行了 15 599 份问
题调查。

②Lifestreams 运用了相关的推理方法进行分析，如，个体三维
相关矩阵、单功能变化监测、成对相关变化检测等。这些推理方法
确定了重要的行为趋势和模式，并且在与参与者进行的后续访谈中
对其准确性进行了定性验证。

③此外，Lifestreams 被发现有助于协调研究员快速浏览数据
并提供视觉辅助工具，以便在面试会议期间向与会者介绍讨论。
Lifestreams 被设计为可扩展的系统，可以被广泛应用到包含不同数
据流的不同研究中。我们通过将 Lifestreams 扩展性应用于具有独特
需求和新类型数据流的两项额外研究来评估 Lifestreams 的可扩展性。
最终，研究人员将开发可大大提高以患者为护理中心的个性化和精
确性的干预措施。

（3）小数据系统的挑战

开发和维护现实世界的小型数据系统也面临许多需要解决的系
统挑战。小数据是我们与周围世界互动的存储的"数字痕迹"。当我
们使用维护日志的工具和服务时，这些跟踪被动产生：信用卡、杂
货收据、网站和其他流媒体内容服务，浏览器本身等。小数据的系
统挑战主要为：数据互操作性。小数据系统的力量往往来自将个人
用户最初锁定在不同数据库中的多种信息相结合的能力。这些数据
来自不同的服务提供商，通常具有不同的模式和格式。大量开发工

作用于与大量外部服务进行接口，转换不同的数据格式并保持不同数据模式的一致性，并且通常会导致过度复杂的应用程序逻辑。在数据管理与安全上，小数据系统与许多在线系统不同，因为它们消耗的大部分数据不是本地生成的，而是来自各种外部来源。大多数原始来源（例如 Google、Facebook 等）将用户数据持久保存在自己的数据库中，并分别提供安全和访问控制。解决存储效率、数据安全性和可用性之间的紧张关系是小数据应用开发人员面临的另一个挑战。

针对这些限制，Lifestreams 进行了几项改进，提出了 Lifestreams DB。其中运用的策略有，与 RDF 项目集成，通过几个轴专门扩展小数据架构和 Lifestreams DB，希望与更多分布式 / 用户控制的身份验证形式（如 WebID）进行整合，这将使我们能够与数据提供者所使用的身份脱离联系。提高安全性和加强保护隐私，在相关说明中，可以做出许多改进，以确保处理后的数据不会损害原始数据源，并且在敏感的情况下选择性地控制哪些人可以使用已处理的数据。提出了"功能信息共享"的共享数据方法，希望通过诸如可信平台模块（TPM）等硬件工具，使用公开密钥认证的系统之间的身份验证，以及详细说明数据如何与撤销机制一起使用的细粒度安全策略来实现此目标。支持小数据生态系统，通过继续实施小数据系统，持续研究有效和安全的手段来处理和分享小数据，并提供参考实施 / 基础设施组件来支持发展，促进小数据生态系统的发展。

（二）小数据系统的小数据特征

Lifestreams 团队提出了一个新的以用户为中心的推荐模式，称为沉浸式建议。利用个人用户的跨平台小数据提出建议，满足用户的多样化需求和兴趣，目标是使用小数据创建未来超人性化的内容、娱乐和工具，使每个人都能有选择地从这些生成的透明数据中受益。沉浸式建议是以用户为中心的推荐模式，其中推荐系统通过用户自己访问不同平台上保存的广泛用户的小数据，并创建单一服务提供商可能无法使用的用户偏好的综合视图捕捉。这与传统的以供应商为中心的模式相反，例如，我们在亚马逊或 Netflix（奈飞公司）上看到的建议中只有这些平台上的通道内踪迹用于提出建议。

沉浸式建议同样有诸多技术挑战。第一，非结构化多样小数据的分析。以前，推荐系统中大多数的工作仅考虑了有关用户的简单人口统计信息。相比之下，身临其境的建议使用非结构化、动态和高维数字痕迹，例如，社交媒体记录和用户生成的个人通信跟踪，以实现高度个性化的推荐。如何去除小数据并将其转化为可用于推荐系统的有用的用户配置文件，这是沉浸式推荐的主要挑战。第二，根据沉浸式用户个人资料提出建议。构建实用的沉浸式推荐系统需要新颖的建议模型来结合广泛的信息，包括：①从用户的小数据中提取的沉浸式用户简档；②用户对项目的反馈，如评级和点击量；③项目信息。如何融合这些不同的信息线索，为用户提供个性化的建议——即使他们刚刚开始使用系统——并且在有更多用户反馈的情况下快速调整建议将是我们在沉浸式建议中需要解决的重大技术问题。

Lifestreams 软件主要的创新点为：①提出了沉浸式建议，一种以用户为中心的新推荐模式，利用用户多样化的个人数字追踪，为用户提供建议；②提出了一种新颖的算法，混合协同过滤算法，它同时利用多样性的小数据推断用户的兴趣，抑制不同上下文引入的噪声；③提出了一种新颖的推荐模式——协同用户项回归，仔细融合用户项目简介和评级信息，以达到超越最先进的推荐准确度，还可以为新用户提供建议并快速微调根据用户反馈的建议；④进行了大规模的离线评估，小型用户研究和现实服务部署，以探索这一新推荐模型在两个关键应用领域的可行性和有效性。

（三）分布式云计算和小系统大平台：大数据与小数据

云计算（Cloud Computing）是基于互联网的相关服务的增加、使用和交付模式，通常通过互联网来提供动态易扩展，且经常是虚拟化的资源。"云"是网络、互联网的一种比喻说法。过去在图中往往用云来表示电信网，后来也用来表示抽象的互联网和底层基础设施。因此，云计算甚至可以让你体验每秒10万亿次的运算能力，拥有这么强大的计算能力可以模拟核爆炸、预测气候变化和市场发展趋势。用户通过计算机、笔记本电脑、手机等方式接入数据中心，按自己的需求进行运算。

对云计算的定义至少可以找到100种解释。现阶段广为采用的是美国国家标准与技术研究院（NIST）的定义：云计算是一种按使用量付费的模式，这种模式提供可用的、便捷的、按需的网络访问，进入可配置的计算资源共享池（资源包括网络、服务器、存储、应用软件、服务），这些资源能够被快速提供，只需要投入很少的管理工作，或与服务供应商进行很少的交互。

分布式系统（Distributed System）是建立在网络之上的软件系统。正是因为软件的特性，所以分布式系统具有高度的内聚性和透明性。因此，网络和分布式系统之间的区别更多的在高层软件（特别是操作系统），而不是硬件。内聚性是指每一个数据库分布节点高度自治，有本地的数据库管理系统。透明性是指每一个数据库分布节点对用户的应用来说都是透明的，看不出是本地还是远程。在分布式数据库系统中，用户感觉不到数据是分布的，即用户不需要知道关系是否分割、有无副本、数据存于哪个站点以及事务在哪个站点上执行等。

全球数据中心平台与生态系统逐渐匹配，互联平台为实现面向互联的体系结构提供关键的构建模块，并且重新定义数据中心角色的关键技术也日趋成熟。随着移动互联网、移动终端和数据感应器的出现，数据以超出人们想象的速度在快速增长。近年来，在互联网时代与宽带提速这一趋势下，国内数据量正不断增多，我国网民与互联网普及率不断提高，数字存储信息呈现快速提升的态势，大数据应用成为企业掘金的新方向，除了企业数据以外，人们开始关注个人小数据，以及与之相关的独立主权、数据永生。由此带来的无限商机，将引发个人小数据红利爆发，开启个人数据中心新时代。

现在的时代是数据由各种前台终端收集，通过宽带网络，连接到后台的云端进行处理，最终存储到由各种机构所拥有的数据中心里。从数据中心到云计算到大数据，最后到人工智能，一脉相承。未来云计算的发展趋势包括：全球化基础设施扩张加速，大型企业拥抱云计算，混合 IT 架构发展和物联网（IoT）爆发。相应大数据的发展趋势包括：数据总量呈指数型爆炸性增长，数据的结构发生了巨大变化，数据的组织也发生了巨大的变化。人类的智能包含感知和认知两大方面，人工智能将随着更多的数据、强大的运算能力和深度学习而加速突破，每一个商业应用都会被新人工智能所颠覆。正如《人类简史》《未来简史》中所指出的那样：认知是人类前进的唯一武器，数据时代和人工智能是智人未来演化的大方向。从猿人到智人，再从智人到神人，人类是想象力的共同体，并产生了这个时代的"资本"——信息。大数据时代的到来，分享与体验是未来的主体，并逐渐朝着人工智能这个方向演化。

（四）大数据运算的分布式系统：以小总多

在云计算环境下，软件技术、架构将发生显著变化。一是所开发的软件必须与云相适应，能够与以虚拟化为核心的云平台有机结合，适应运算能力、存储能力的动态变化；二是要能够满足大量用户的使用，包括数据存储结构、处理能力；三是要互联网化，基于互联网提供软件的应用；四是安全性要求更高，可以抗攻击，并能保护私有信息；五是可工作于移动终端、手机、网络计算机等各种环境。

在云计算环境下，软件开发的环境、工作模式也将发生变化。虽然传统的软件工程理论不会发生根本性的变革，但基于云平台的开发工具、开发环境、开发平台将为敏捷开发、项目组内协同、异地开发等带来便利。软件开发项目组内可以利用云平台，实现在线开发，并通过云实现知识积累、软件复用。

在云计算环境下，软件产品的最终表现形式更为丰富多样。在云平台上，软件可以是一种服务，如 SAAS（软件即服务），可以是一个 Web Services（网络服务），也可以是在线下载的应用，如苹果的在线商店中的应用软件等。

在云计算环境下，为了适应大数据运算的需要，我们需要把系统进行分布式部署。分布式系统又称为分布式计算机系统，它是指将多台小型微型机互联组成的一种新型计算机系统。它突破了传统的集中式单机局面，从分散处理的概念出发来组织计算机系统，具有较高的性价比，灵活的系统可扩充性，良好的实时性、可靠性与容错性等潜在优点，是近几年来计算机科学技术领域中极受重视的新型计算机系统，现已成为迅速发展的一个新方向。

分布式系统无主从区分，计算机之间交换信息、资源共享、相互协作完成一个共同任务。通过多路传输数据点线，将主机和若干台外围处理机连成一个整体，共同担负整个计算功能的系统。主机专门从事计算量大的数值计算，外围处理机则承担系统的控制操作。其优点是：加快了机器的运算速度；简化了主机的逻辑结构；使操作系统在一定程度上得到了优化。故现代大型武器系统的设计，常采用分布式计算机系统。

分布式系统的主要功能包括以下几个方面。①通信结构是指支持各个计算机联网，以提供分布式应用的软件。在分布式系统中，尽管每台计算机都有自己独立的操作系统，并且这些计算机和操作系统的种类又可以是不同的，但是它们都支持同样的通信结构。②提供网络服务功能，分布式系统的硬件环境是计算机网络，系统中的个人计算机可以是单用户工作站或服务器，因此它需要由网络操作系统进行管理并提供网络服务功能。③分布式操作系统（透明性），有一个公共的分布式操作系统，各计算机共享一个公共的分布式操作系统。分布式操作系统由内核以及提供各种系统功能的模块和进程组成。系统中的每一台计算机都必须保存分布式操作系统的内核，以实现对计算机系统的基本控制。

分布式操作系统除了包括单机操作系统的主要功能外，还应该包括分布式进程通信、分布式文件系统、分布式进程迁移、分布式进程同步和分布式进程死锁等功能。

分布式进程通信。分布式系统的进程通信是由分布式操作系统所提供的一些通信原语来实现的。但由于分布式系统中没有共享内存，这些原语需要按照通信协议的约定和规则来实现。与分布式进程通信有关的主要概念包括：通信协议，分布式环境中的客户／服务器工作模式，进程通信的消息传递方法和远程过程调用方法。

分布式文件系统。分布式文件系统是允许通过网络来互联并使不同机器上的用户共享文件的系统。它能够让运行它的所有主机共享，并可以管理操作系统内核和文件系统之间的通信。

分布式进程迁移。分布式进程迁移是指由进程原来运行的机器（称为原机器）向目标机器（准备迁往的机器）传送足够数量的有关进程状态的信息，使该进程能在另一机器上运行。

分布式进程同步。在分布式系统中，各处理机没有共享内存和统一的时钟，因此分布式进程同步必须对不同处理机中所发生的事件进行排序，还应该配有性能较好的分布式同步算法，以保证为实现进程同步所付出的开销较小。

分布式进程死锁。在分布式系统中，也可能会因进程竞争资源而引起死锁。对单处理机系统中讨论过的死锁对策只要稍加修改，就可用于多处理机系统。例如，只要在系统事件之间简单地定义一个全序，有序资源分配死锁预防技术就可用于分布式系统。

（五）大数据时代的小数据中心：以小见大

网络空间的发展，即将迎来个人数据中心（小数据中心）的新时代。1998 年，福利分房转变为个人购房，成为中国个人房地产发展的元年，而 2018 年是个人数据中心的元年，新一轮大规模的数据中心产业化浪潮即将到来！一半是人、一半是机器的"半机器人"并不遥远，未来网络空间基础设施面临重组！依据《中华人民共和国民法总则》条款中的"个人信息权是公民的基本民事权利"，在大数据聚合时代下，个人有需求并有权利通过个人数据中心去连接各种应用与服务、数据计算并存储在个人数据中心中，以防止被他人收集、使用、加工和传输。相应地，对个人数据中心的技术和商务要求将包括：数据的私密性、数据的安全性、数据的永生性，及数据的不可被利用和不可篡改性。未来，每个人都将有属于自己的个人数据中心，可在其中进行数据运算形成个人所需的结果，个人数据与其他应用和服务之间联结，与家人、朋友以及同事进行共享。基于个人的大数据和人工智能，必将引出个人生命导师（通过个人小数据实现的针对个人订制的建议和借鉴），以及为个人小数据、个人数据中心、个人人工智能和个人生命导师而衍生制订的各种服务和应用。

第七章

小数据的再认识

一、小数据的现象本质

现象和本质是揭示客观事物的外在联系和内在联系相互关系的一对范畴。现象是事物的外部联系和表现特征。现象中分真相和假象，真相是从正面表现本质的现象，假象是从反面歪曲表现本质的现象。本质是事物的根本性质，是组成事物基本要素的内在联系。

（1）现象和本质的辩证关系

①现象和本质是对立的。现象和本质有明显的差别。现象是事物的外在方面，是表面的、多变的、丰富多彩的；本质是事物的内在方面，是深藏的、相对稳定的、比较深刻、单纯的。因而现象是可以直接认识的，本质则只能间接地被认识。

②现象和本质是统一的。一方面两者是相互依存的。现象是本质的现象，本质是现象的本质。也就是说，本质只能通过现象表现出来，现象只能是本质的显现，它们之间是表现和被表现的关系。任何一方离开了另一方都是不能存在的，实际的存在总是现象与本质的对立统一。另一方面两者是相互蕴含的，实际上也是相互包含的。本质寓于现象之中，这是非常明显的，因为现象是整体，本质是现象的一部分，固然是根本性的部分。反过来，本质也包含现象，因为现象尽管是多种多样的、纷繁复杂的，但毕竟是由本质决定的，早已潜在地包含于本质之中。

③现象与本质是可以相互转化的。本质变现象应理解为本质表现为现象。某一具体的人无疑是本质与现象的统一体，但其本质也在不断地表现出来，即不断转变为现象。现象与本质的相互转化，

正是感性认识与理性认识相互转化的客观基础。

（2）现象和本质辩证关系原理的意义

①现象和本质的对立，说明了科学研究的必要性；现象和本质的统一，决定了科学研究的可能性。科学研究的任务就是透过现象看本质。人们只有通过对大量现象的研究，才能发现事物的本质，达到科学的认识。如果二者只有对立而无统一，那么一切科学研究、科学认识就是徒劳无益、白费力气了。

②在实践中要注意把现象作为入门的向导，通过现象去认识事物的本质。从现象进入本质是认识的深化，却不是认识的终止。由现象进入本质，在一定程度上认识到了事物的规律性以后，还必须在这种认识的指导下，继续地研究尚未研究过或尚未深入研究的现象，以此补充、丰富和加深对于事物本质的认识。这是一个由现象到本质又由本质到现象的循环往复的认识过程。

③注意防止经验主义和理性主义（教条主义）的出现。哲学史上的经验主义和理性主义是自觉的思想体系，以割裂现象与本质为其立论的依据。经验主义否定感性认识到理性认识的转化，也就是否定现象到本质的转化；理性主义否定理性认识到感性认识的转化，也就是否定本质到现象的转化。实际生活中的经验主义和教条主义并无自觉的思想体系，它们只是表现为实际认识过程中的片面性，但其认识基础同样是割裂现象与本质的辩证统一。

④区别真相与假象、假象与错觉。真相是从正面表现本质的现象。假象则是一种虚假的现象，它也是本质的一种表现，但却是本质在特定条件下的一种反面表现。错觉是由于人的感觉上的错误造成的，属于主观的范畴；假象则是由客观存在的种种条件造成的，它是现象的一种，属于客观的范畴。

（一）更假：不是整体概貌，而是个体特征

小数据主要以单个人为研究对象，重点在于深度，对个人数据深入地精确地挖掘，对比而言，大数据则侧重在某个领域方面，在大范围、大规模全面数据收集处理分析，侧重在于广度。大数据反映整体概貌，小数据揭示个体特征。整体是由个体组成的，整体的影响归根结底是整体中的个体在具体起作用（整体只是一个虚泛的联合概念），整体中的个体可以从不同角度、方面联结为一个整体起作用。网络、电话等新技术加深了个体间的这种联系，从而加剧了整体环境对人的影响作用。

人对自我的认知是模糊的，要认知整个社会有很大的难度。人对自我的定义往往是周遭人（而不是整个社会）的评价加上自我的意识在很长一段时间内逐渐形成的。通过整体来定义是有危险的，有时人们会为了某种特殊的目的而待在某个群体中。例如，政治家为了选举，社会学家为了获得第一手资料，间谍为了得到特定信息。他们与这个群体中的人并不相同，但却混在一起。

群体虽然是一群有相同特征的人的集合，但群体中每个人都有自我的个性，并且每个人都可属于不同的群体。个体信息量（小数据）的累积有助于对整体面貌（大数据）更全面立体地观察审视，从而有助于对整体复杂性和全貌的把握。但同时过分强调细节（小数据）会无法构建一个清晰简明的整体形象（大数据），难以对本质和真实性有所挖掘和快速把握，沉溺在细节的蒙蔽中。

因此，大数据与小数据是揭示事物内在要素和结构及其表现形式之间关系的一对范畴。①小数据是指事物的内在要素及其相互之间的关系，主要包括事物的构成成分、内在特征、运动过程以及发展趋势。大数据是指事物各要素之间的结构及其表现方式。小数

活跃易变，大数据则相对稳定，大数据不同于小数据。②小数据决定大数据，大数据对小数据有反作用，由此形成大数据与小数据之间的矛盾运动，不断地使大数据与小数据之间由相对适合到相对不适合再到相对适合发展。

（二）更近：不是可能性，而是现实性

可能性（大数据）是指包含在事物中的，并预示事物发展前途的种种趋势，是潜在的，尚未实现的东西。现实性（小数据）是指包含内在的根据的合乎必然性的存在，是客观事物和现象种种联系的综合。

（1）可能性和现实性的辩证关系。①可能性和现实性是相互区别的，可能性是尚未实现的东西，不是现实性；而现实性则是已经实现了的可能性，已不再是可能性。②可能性和现实性又是统一的，它们相互依赖、相互转化。可能性存在于现实性中，离开现实性，就谈不上可能性；现实性也离不开可能性，没有可能的东西，不会成为现实，任何现实都是由可能转化来的。③相互转化。可能性在一定条件下会转化为现实性；现实性又产生新的可能性，即现实性化为可能性。事物的发展过程是一个不断由可能向现实转化的过程。这种转化需要一定的条件。在人类社会实践中，可能向现实转化需要客观条件，还需要主观条件。

（2）可能性和现实性辩证关系原理的意义。①我们的一切工作必须立足于现实，从现实出发制订我们的方针、方案、计划。只有从现实出发，才能正确分析种种可能性，正确预见未来，使主观能动性的发挥建立在可靠的基础上。②在制订计划、方案前要注意分析可能性的各种情况：可能和不可能；现实可能和非（抽象）可能；好的可能和坏的可能；可能性在量上的大小，即概率。③可能向现

实转化除了客观条件，还需要主观条件，即主观努力。我们要发挥主观能动性，创造各种条件，使好的可能性向现实性转化。

（三）更真：不是必然性，而是偶然性

必然性（大数据）是指客观事物联系和发展过程中合乎规律的、一定要发生的、确定不移的趋势。偶然性（小数据）是指客观事物联系和发展过程中并非确定发生的，可以这样出现，也可以那样出现的不确定趋势。

（1）必然性和偶然性是对立的。①必然性和偶然性在事物发展中所处的地位和所起的作用不同。必然性在事物发展中居支配地位，决定事物的发展方向；偶然性居于次要地位，不决定事物的发展方向。②必然性和偶然性体现事物发展的两种不同趋势。必然性是事物发展中持久稳定的趋势；偶然性则是暂时的、不稳定的趋势。

（2）必然性和偶然性又是统一的。①必然性存在于偶然性之中，没有脱离偶然性纯粹的必然性。必然性通过大量的偶然性表现出来，并为自己开辟道路。②偶然性体现必然性，并受制于必然性。没有脱离必然性的纯粹的偶然性。偶然性是必然性的表现形式和补充，凡是存在偶然性的地方，其背后总是隐藏着必然性。任何偶然性都不能完全地、绝对地摆脱必然性的支配和制约。③必然性和偶然性在一定条件下可以相互转化。由于事物范围极其广大和发展的无限性，必然性和偶然性的区分是相对的。在一定条件下，偶然性可以转化为必然性，必然性也可以转化为偶然性。

（3）必然性和偶然性辩证关系原理的意义。①掌握客观必然性是科学认识和实践的基础。只有立足于必然性，努力研究揭示必然性，才能使科学研究沿着正确的方向发展。只有认识必然性并利用必然性才能获得自由。②在科学研究中偶然性的作用也不能忽视。

只有认识偶然性在事物发展中的作用，才能注意利用一切的偶然因素去推动科学发展，防止和消除不利的偶然因素的影响，做到"有备无患"。

二、小数据的原因结果

原因是指引起一定现象的现象。结果是指由原因的作用而引起的现象。在现实世界中原因总是伴随着结果，结果一定是由一定原因引起的，因果双方失去一方，另一方也就不存在了。同时，在无限发展的链条中每一现象发展的原因和结果往往是相互作用、互为因果的，即甲现象引起乙现象，反过来乙现象又作用于甲现象，甲乙互为因果，即因果循环。承认因果联系的客观普遍性是进行科学研究、获得科学认识的前提。科学研究在一定意义上，就是揭示事物因果联系，从而提出解决问题的方法。正确地把握因果联系，有利于研究真实的大数据与小数据，因为原因不等于相关。准确地把握因果联系，能增强数据的预见性。

《大数据时代》一书指出，在大数据时代，我们没有必要再热衷于寻找因果关系，应该寻找事物之间的相关关系。大数据告诉我们"是什么"，而不是"为什么"。在大数据时代，我们不必知道现象背后的原因，我们只要让数据自己发声。这本书的主要观点包括：①更多：采用的数据不再是随机样本，而是全部数据；②更杂：主动拥抱数据的混杂性，不再一味追求数据的精确度，大方向的准确才是最重要的；③更好：从关注事物间的因果关系，转变为关注事物的相关关系。

这些观点，其实非常好理解。随着数据分析工具、信息处理器和存储器技术的发展，人类能更加轻易地收集数据、存储数据、分析数据。在信息收集过程中，会出现许多不那么精准甚至比较混乱的数据，这些混乱的数据会影响到结论的准确性，但是当数据特别多的时候，少部分混乱对结果造成的影响就微乎其微了。不过，大数据只能表明概率，它能够正确判断大致的趋势，但它并不是100%正确无误的。除此之外，大数据更关注"是什么"，对"为什么"关注甚少，也很难去解释其中的因果关系。但是，现实中很多事情我们还是需要知道原因和结果的，也许小数据比大数据更有效。

（一）更多：不是全体数据，而是随机样本

大数据强调更多的数据，不是随机样本，而是全体数据。让数据"发声"——IBM的资深"大数据"专家杰夫·乔纳斯（Jeff Jonas）提出要让数据"说话"（注：数据如何才能说话呢？数据是客观的，我想数据要表达的意思是它在数学与统计上呈现的特征，以及根据这些特征所获得的洞察结果。如何能理解数据呢？数学和统计是它的语言）。

目前我们可以处理的数据量已经大大增加，而且未来会越来越多。在某些方面，我们依然没有完全意识到自己拥有了能够收集和处理更大规模数据的能力。小数据时代，由于受到数据收集和处理能力的限制，往往采用随机采样的办法，用最少的数据获得最多的信息。

统计学家证明，采样分析的精确性随着采样随机性的增加而大幅提高，但与样本数量的增加关系不大，一个简单的解释是：当样本数量达到某个值之后，从新个体身上得到的信息会越来越少，如同经济学中的边际效应递减一样（注：什么叫边际效应递减？吃第一个包子很满足，吃第二个也不错，吃第十个包子时可能就没什么满足感了。因此，样本的随机性比样本的数量更重要）。

首先，大数据只能被动地挖掘、收集已经客观发生了的行为信息，而抽样调查和实验研究则可以"制造"数据。例如，在小数据研究中，研究人员可以根据自己的理论需求设计问卷，并测量受访人对不同问题的看法和态度，而大数据只能局限于每个人对一个固定事件已经表达的意见。此外，小数据研究不仅能收集已经发生的事情的数据，还可以收集并未发生或发生概率渺茫的事件信息，如通过情景设置的方式或实验的方法来检验受访者在假设情景中可能的态度和行为，这显然是大数据研究很难做到的。再者，小数据在收集受访人观念、态度和行为方面数据的同时，还可以收集他们各方面的个人基本信息，如家庭、工作、收入、政治面貌、宗教信仰等，这些信息为解释受访人的其他行为和观念提供了更多的可能性，而大数据研究无法根据研究者的需要来收集个人信息。从这个意义上说，小数据比大数据更适合进行具有理论意义和理论突破的研究。

其次，抽样调查的样本在特定情况下比某些"大数据"更具有代表性。所谓抽样调查，就是以总人口为基础，用科学的方法，随机抽取样本。好的随机样本应该符合总人口的基本特征，如性别、年龄、教育程度和地区的分布等。而通过网络收集的"大数据"，无论数量多庞大，也不过是总人口中的一个特定群体，即网络用户。如前所述，这一群体通常是低年龄、高学历的白领阶层，哪怕他们有成千上万甚至上亿人，他们的意见仍然不能代表总人口。往往只有几千人的随机抽样的样本，虽然具有一定的误差，但研究者可以通过数学、统计方法来估算和减少误差，至少使抽样数据在理论上是代表总人口的。因此这些人所表达的意见，比大数据更具有普遍性。

（二）更杂：不是混杂性，而是准确性

执迷于精确性是信息缺乏时代和模拟时代的产物。只有 5% 的

数据是有框架且能适用于传统数据库的。如果不接受混杂，剩下95%的非框架数据都无法被利用，只有接受不精确性，我们才能打开一扇从未涉足的世界的窗户。

在越来越多的情况下，使用所有可获取的数据变得更为可能，但为此也要付出一定的代价。数据量的大幅增加会造成结果的不准确，与此同时，一些错误的数据也会混进数据库。

对"小数据"而言，最基本、最重要的要求就是减少错误，保证质量。因为收集的信息量比较少，所以我们必须确保记录下来的数据尽量精确。因为收集信息的有限意味着细微的错误会被放大，甚至有可能会影响整个结果的准确性。

大数据的多样性决定了其在数据质量上的参差不齐。换句话说，这个语境下的多样性就是混杂性（Messy），即数据里混有杂质（或称噪声）。大数据的混杂性，基本上是不可避免的，既可能是数据产生者在产生数据过程中出现了问题，也可能是采集或存储过程中存在问题。如果这些数据噪声是偶然的，那么在大数据中，它一定会被更多的正确数据淹没掉，这样就使大数据具备了一定的容错性。如果噪声存在规律性，那么在具备足够多的数据后，就有机会发现这个规律，从而可以有规律地"清洗数据"，把噪声过滤掉。但是，现实中某些低频但很重要的弱信号，很容易被当作噪声过滤掉！从而痛失发现"黑天鹅"事件的可能性。

例如，在美国，学习飞机驾驶是件"司空见惯"的事，在几十万学习飞机驾驶的记录中，如果美国有关当局能注意到，有那么几位学员只学习"飞机起飞"，而不学习"飞机降落"，那么"9·11"事件或许就可以避免。在大数据时代的分析中，很容易放弃对精确的追求，而允许对混杂数据的接纳，但过多的"混杂放纵"，就会形成一个自设的陷阱。因此，必须"未雨绸缪"，有所提防。

（三）更好：不是相关关系，而是因果关系

知道"是什么"就够了，没必要知道"为什么"。在大数据时代，我们不必非得知道现象背后的原因，而是要让数据自己"发声"。但现实是这样的吗？

假如你是一位出车千次无事故的好司机，恰好在朋友家喝了点酒，警察也下班了，于是你坚持自己开车回家，盘算着出问题的概率也不过千分之一吧。如果这样算，你就犯了一个取样错误，因为那一千次出车，你没喝酒，它们不能和这次混在一起计算。这也是大数据"采矿"常犯的错误。

从 1967 年的第一届美国超级碗杯橄榄球赛到 1997 年的第三十一届，只要 NFL（纽约巨人队）联赛出线队赢，当年的股票就大涨 14% 以上，AFL（丹佛野马队）联赛出线队赢，则至少大跌 10%。如果你按照这个指标来买卖股票，就要小心了！ 1998 年，AFL 赢，当年股市大涨 28%；2008 年 NFL 赢，股市不仅大跌 35%，还引发了次贷金融危机。

只要有超大样本和超多变量，我们就可能找到无厘头式的相关性。它完全符合统计方法的严格要求，但两者之间并没有因果关系。美国政府每年公布 4.5 万类经济数据。如果你要找失业率和利率受什么变量影响，你可以罗列 10 亿个假设。我自己的研究经验也显示，只要你反复尝试不同的模型，上千次后，你一定可以找到统计学意义上成立的相关性。把相关性当作因果关系，这是大数据"采矿"的另一个陷阱。

我们常说，三尺深的水池能淹死人，因为三尺只是平均值。忽略极值，采用平均值，是大数据采矿第三个常见的陷阱。博弈论创始人之一，冯·诺伊曼（John von Neumann）曾经戏言：有四个参

数，我能画头大象，再加一个，我让大象的鼻子竖起来！大数据"采矿"可能给出新颖的相关性。但是，脱离了问题的情境，它不但不能保证因果关系，还可能误导决策。

第八章

预见自我

一、智能化人生

（一）小数据与预见自我

当我们无法精确定义某种事物时，就会冠之以一个指意模糊的代称，"大数据"（Big Data）就是这样一种代称。如果我们想要理解它，只能将它进一步具体化。

美国帕罗奥多研究中心（PARC）的马克·韦泽（Mark Weiser）提出人类最终将进入"普适计算"（Ubiquitous Computing）的阶段，即我们可以在任何时间、地点，获取和处理任何信息，无处不在的微小设备无时无刻不在采集、传输和计算，形成一个包罗万象的信息网络，这与麻省理工学院的 Kevin Ash-ton 教授在 1991 年提出的"物联网"（The Internet of Things）殊途同归。

普适计算很可能不再是预言。因为数据正在逐渐渗透人们的生活，它可能影响甚至取代原有的知识生产方式和认识框架，而其中一个非常重要的趋势，就是"量化自我"（Quantified Self）。量化自我，标志着社会化的个体开始主动运用数据的方式开展认识自我的实践，预示着人类认知领域全面数据化的开始。

（1）量化自我概念

量化自我，由英文"Quantified Self"直译而来，是"运用技术手段，对个人生活中有关生理吸收（Inputs）、当前状态（Status）和身心表现（Performance）等方面的数据进行获取"，也可称作"Self-tracking"（自我跟踪）、"Auto-analytics"（自我分析）等。

量化自我，2007 年由《连线》（*Wired*）杂志主编凯文·凯利（Kevin Kelly）和技术专栏作家沃尔夫（Gary Wolf）提出，并由此发起一场探索自我身体（Hack the self）的社会运动，他们把对自我跟踪感兴趣的使用者和工具制造者（Self-tracker）组织起来，召开量化自我大会，在全球各国建立量化自我的兴趣组织。

试图对人自身进行量化监测的想法由来已久。早期的概念是人本主义计算（Humanistic Computing），这可以追溯到 20 世纪 70 年代，那时就已经有通过穿戴式传感器（Wearable Sensors）以人的行为、生理信息为对象的研究。早期的研究使用诸如穿戴式摄像机等比较简陋的技术手段，记录人日常生活中的心理和生理变化来了解人类的智能、行为等。今天的量化自我，无论是可量化的内容范围，还是技术手段，都已有了惊人的进步。

（2）狭义量化自我

狭义的量化自我，是指与人体日常生理活动状态直接相关的量化和监测过程。通过使用计算机、便携式传感和智能手机应用等技术手段，来追踪和记录运动、睡眠、饮食、心情等个体行为的情况，通过各种数据指标来研究、分析自身，例如，"体重""计步""睡眠时间""消耗食物卡路里""空气质量""压力指数""皮肤电导""血氧饱和度"等。狭义的量化自我主要围绕着运动健身、日常生理和疾病治疗这三类数据进行监测和分析，目的在于改善身体健康状况，因此也可称作"健康量化"（Health tracking）。

根据目标、技术和形式的不同，狭义的量化自我包括以下几个方面。

①日常记录（Everyday Tracking）。通过 App、网站的提醒服务，从用户的日常实际生活行为（Activities）到互联网行为（Internet Behaviors），收集、归类建立个人档案，并通过图表等视觉化方式加

以呈现。

②运动追踪（Activity Tracking）。主要是通过穿戴式智能传感器，围绕人的物理活动，追踪运动、饮食和睡眠相关数据，并通过配套的 App 实现数据记录、分析、可视化、设置目标、提醒等功能，通常软件还加入了协作、社交分享的功能。

③睡眠管理（Sleep Management）。通过穿戴的设备，监测、分析睡眠，提供个性化的睡眠改善方案。

④情绪监测（Mood Tracking）。通过网站、App 等服务，用户自主记录情绪，监测情绪长期变化。

⑤机能监测（Body Tracking）。对身体各项关键生理指标进行监测和记录，主要包括心脏系统、血液系统、体重三类数据。

除了以上罗列的各种自我量化的软件、穿戴式设备和服务，还有其他各种各样的健康数据监测的服务，比如，DNA 测序（23andMe）、微量元素监测（Spectracell）、血糖监测（Dexcom）甚至认知追踪（Quantified-mind）；除了监测数据类型的多样化，还提供相应的数据处理服务，如电子病历服务、个人健康记录管理等。总而言之，就是把实时监测、记录的健康数据可读化、云端化、社交化。

（3）广义量化自我

广义而言，量化自我绝不仅限于身体和健康领域，还包括个体的日常生活习惯、行为、认知等。如果说狭义的量化自我是"健康量化"，探索自我身体（Hack the self），那么广义的量化自我，就是探索个体生活（Hack my life）。比如，记录夫妻关系、学习、孩子的教育情况、身体以及房子等。我们每天通过个人计算机、智能手机、信用卡等不断产生文字、照片、声音、视频、地理位置和消费记录，都是在构建这个大数据世界，个体把对自我的了解变成个人数据库，无数个体的个人数据库共同编织成为"自我大数据"。

未来广泛的个体量化数据网络（QS Database），将会主要包含以下四类数据：健康数据（关于人体机能与状态的数据）、认知数据（关于个体性格、认知规律的数据）、消费数据（关于个体消费行为与习惯的数据）和环境数据（关于个体与物理环境互动的数据）。在现有的技术条件下，我们已经具备了对以上四类数据收集、储存和初步处理的可能性。"自我大数据"无疑会成为大数据最重要的一个组成部分。个体可以被全面量化，表明数据可能会深刻地改变人类知识生产方式和认识框架。

（二）生命大数据

在互联网社会，我们接触到的数字化信息越来越多。正如美国麻省理工学院教授、媒体实验室的创办人，被媒体誉为"未来学家"的尼葛洛庞帝在《数字化生存》中所说，"信息的DNA"正在迅速取代原子而成为人类生活中的基本交换物。

每个生命体都是大数据，人的基因组有约30亿对碱基，以一个Byte（字节）储存一对碱基来算，每个人有3GB左右的数据量。觉得不多？其实一个人基因组检测的原始数据就有好几百GB，再加上蛋白质等好几个TB才能够完成一个人的数据。即使按一个人1TB的数据量来算，全球人的基因组加起来就有约7万亿GB的数据量。而且，和我们同在的不只是我们自己，还有10倍于我们细胞数量的微生物，我们的地球上还有许多的动物、植物、微生物……地球生命的基因组数据量不可估计，且绝对远远大于互联网数据量——据美国市场研究公司IDC预测，到2020年时，全球互联网数据总储存量才达到40万亿GB。

正如世界上没有两片完全一样的树叶，每个人的基因组信息都是独一无二的，甚至每个人在不同时刻的基因组信息都可能有差异。基因组信息的测序和生命密码的解读，会帮助我们了解基因状况、防治疾病。

从统计学角度来说，只有收集大量的数据，才能从中分析出规律。疾病预知、健康管理同样需要大数据的支持，只有基于大范围的数据比对，才能知道某个人的基因变异是否是致病原因。因此，只有在收集多数人的基因组信息基础上，才能更为准确地了解基因与疾病的关系，以及如何做好未病先防。

量化自我的可穿戴设备促进了智能化人生的发展，通过收集个体小数据，再通过情境感知和意识感知连接大数据，进行量化自我的分析，使未来的生活产品具有智能化的特性。轻量化、便携化、可移动性、自我收集数据、实时收集数据的需求显得日益重要。在大数据、互联网与人工智能的信息环境下，交互设计的交互对象从大数据转变成了小数据的智能化人生。

（三）健康管理

每个现代人都需要健康管理。据《新英格兰医学杂志》分析，近一百年来，慢性病（癌症、心脏病等）、老年病对人类健康的影响越来越大。量化自我让个人健康医疗真正意义上转变为"Health 2.0"模式，通过穿戴式传感设备和智能手机应用实时监测体征数据，无线云端计算系统可以运用数据可视化（Data Visualization）工具，将数据反映出的健康信息，以可读的方式反馈给个体，从而达到对健康的量化监测（如图 8-1 所示）。

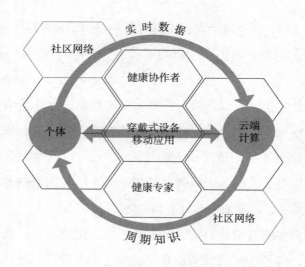

图 8-1　健康量化监测体系

（四）学习管理

　　基于可穿戴设备的量化自我技术带来的是一种新的生活方式，使计算系统能够更好地理解人类用户的意图和语境，更好地模拟演绎人类智能，这也将成为大数据时代学习的一种新趋势。在可穿戴设备给人类生活带来的各种改变的基础上，通过分析生活和学习的互动联系，量化自我能带来体验式学习变革，可以描绘未来学习生态新图表，使学习支持服务系统真正地帮助我们，甚至代表我们去学习。

（五）医学应用

　　利用大数据和小数据技术，对个人健康进行全生命周期管理，实现在任何时间、任何地点都可以访问相关信息，从而保证了健康信息的一致性、连续性，如 Google Health、微软的 Health Vault 等网络平台。健康管理系统的最主要特点就是：个人的健康状态得到了连续观测，健康分析人员能够有效地对个人健康状况进行分析，以便在身体处于非健康状态时得到及时干预。

在健康管理领域中最需要解决的问题就是及时发现身体的健康异常和重大疾病风险预警，传统情况下我们会通过年度体检来实现这一要求，但是体检时间跨度大，同时地域的覆盖能力也不足，可穿戴设备能够实现跨地域大人群身体异常实时发现。通过体征小数据〔如心率、脉率、呼吸频率、体温、热消耗量、血压、血糖和血氧、激素和身体质量指数（BMI）、体脂含量〕监测来帮助用户管理重要的生理活动。

现阶段可以利用的体征小数据传感器包括：①体温传感器；②热通量传感器：用来监测热量消耗能力，可用于血糖辅助计算和新陈代谢能力推算；③体重计量传感器：用于计算 BMI 指数；④脉搏波传感器：推算血压、脉率等数据；⑤生物电传感器：可用于心电、脑电数据采集，也可用来推算脂肪含量等；⑥光学传感器：推算血氧含量，血流速。这些设备初始会将一天设定出多个检测点，只需累积几天检测结果即可建立个人初级模型，利用大数据和小数据技术对所有产生数据进行分析，汇总成一个健康风险指数，用户可以看到自己的健康风险指数和同龄、同性别人群的平均风险指数，并且能明确自己的健康风险在同龄人群中的排位。同时，利用大数据和小数据技术，设备会根据使用者实际情况进行调整，一旦数据显示异常，就会加大检测密度，反之则会拉长检测间隔，进行动态调整。

这些数值交叉分析结果可以用来分析用户现在的体质状况，进行健康风险评估，并可结合数据给出几项关键生理活动：睡眠、饮食、运动和服药的个性化改善建议，让用户的身体健康状况保持在一个稳定的范围内。

二、智能化健康

（一）量化自我与健康管理的应用场景

事实上，随着全球移动医疗市场的大规模快速发展，移动医疗技术将会更好地把医院、医生和病人三者有机地联系起来。我们相信，未来每个人都可以随时访问、查询并且管理自己的健康医疗数据，这些数据不再掌握在遥不可及的第三方手里，而是通过小数据技术，活跃于我们的生活中，成为个体的一部分。并且，这些数据将不再局限于体检结果、就诊记录，还可以延伸到个人的日常健康行为监测数据、过敏源监测数据、基因数据，等等。小数据将使个体从法律层面上获得拥有并运用这些数据的能力，人类对自身的认识也将跨入一个新的阶段（见表 8-1）。

表 8-1　小数据在健康管理中的应用场景

应用场景	数据内容	具体作用
日常生活监测	人体运动、睡眠、饮食行为数据等	帮助消费者调整作息规律、督促加强训练
医疗保健类	各项体征检测数据	关心用户的保健需求，特别是孕妇、敏感体质人群的保健需求
健康档案分析	病历、临床记录、医疗保险数据等	应用高级分析可以预测哪些人是某类疾病的易感人群；帮助个体明确自身医疗保险需求
个性化治疗	含有多种诊疗方案的知识库、用药历史、体质、经济能力等	结合对知识库中多种诊疗方案的分析发展个性化治疗，根据患者的实际情况调整药物剂量，改善医疗保健效果，减少副作用

（二）用小数据预测心脏病发作率

【**案例** 8.1】麻省理工学院、密歇根大学和一家妇女医院创建了一个计算机模型，可利用心脏病患者的心电图数据进行分析、预测在未来 1 年内患者心脏病发作的概率。通常情况下，医生只会用 30 秒的时间来观看用户的心电图数据，而且缺乏对之前数据的比较分析，这使医生对 70% 的心脏病患者再度发病缺乏预判，而现在通过机器学习和数据挖掘，该模型可以通过累积的数据进行分析，发现高风险指标。

【**案例解析**】

从本案例可以看到，将小数据运用到医学上对于患者病情的预测和控制会有巨大作用。当然，这个用来监测个体的心电图数据的模型是基于医学工作者多年来的临床经验和有关心脏病的大量案例建立的。但我们需要注意的是，个体患心脏病的影响因素主要有普遍性因素和针对性因素两方面。具体影响因素如表 8-2 所示。

表 8-2 个体患心脏病的影响因素

	影响因素	具 体 内 容
普遍性因素	外界因素	如慢性低压低氧引起的肺动脉高压，感染导致的心脏病变
	吸烟影响	二手烟。如果一个人每周三次，每次暴露在别人吸烟时吐出的烟雾 30 分钟，那么他患心脏病的风险比很少被动吸烟的要高 26%，同样是引起心脏病的常见病因
	遗传因素	5% 心脏病患者发生于同一家族，其病种相同或近似，可能由于基因异常或染色体畸变所致。这就是心脏病的病因之一
	情绪因素	人在生气的时候体内产生对血管和心肌有害的紧张荷尔蒙，使血管内的凝块容易破裂，导致突发心脏病病因的出现

影响因素		具 体 内 容
针对性因素	风湿性心脏病	主要在风湿热感染后，心脏瓣膜逐渐病变所导致之异常
	心肌病	新陈代谢或荷尔蒙异常的心肌变化等，有时酗酒，药物亦导致心肌变化
	先天性心脏病	可能与母亲在怀孕早期的疾病或服用的药物有关；与遗传有关
	冠心病	抽烟及糖尿病，高血压等导致血管硬化狭窄，使血流受阻，易使心肌缺氧而受损
	心肌肿瘤	心脏肿瘤表面碎片或血栓脱落引起栓塞。可能与肿瘤的产物、肿瘤坏死或免疫反应有关
	其他疾病导致的心脏病	高血压以及其它免疫机能异常引起之血管病变等
	肺性心脏病	由于肺、胸廓或肺动脉血管病变所致的肺循环阻力增加、肺动脉高压、进而使右心肥厚、扩大，甚至发生右心衰竭

可以看到，上表中的吸烟影响、遗传因素、情绪因素、相关病史等影响因素都与个体的小数据分不开，因此在建立预测模型时，应将对于这些数据的考量纳入自变量中，以提升模型预测的准确性。目前，对于这些影响因素的获取和考量主要通过医生问询或者填写表格来实现，不具备实时性，并且由于病人缺乏对自身病情的了解可能会出现判断误差。因此，2.0时代下的小数据通过开发软、硬件技术，增加用以感知、量化这些因素的设备来获取相对精确的个体数据，能够使预测模型的精度大幅提高。

（三）手表成为小数据的有力武器

【案例8.2】据美国心脏学会说，每4个美国人中就有1人患高血压，这些人中还有1/3的人根本没意识到这一高风险。虽然每个医生都会为患者量血压，但是没有几个人会24小时监测病人血压。

2014年，新加坡研究人员发明了一种名为BPro的手表式血压计（如图8-2所示）。只要戴在患者的手腕上，就能够24小时连续监控血压。BPro通过内部的传感器计算手腕上动脉跳动的次数，再转换成血压读数。除了可以显示血压读数之外，波浪形曲线还可表明心脏跳动的频率和力度。

图8-2　BPro手表式血压计

【案例解析】

从本案例可以看到，可穿戴设备逐渐走入了监测个体体征的主流设备行列中。以手表式血压计为代表的可穿戴设备的最大特点并不是简化了测量人体生命体征的步骤和方法，而在于其能够连续获取数据并将数据积累起来。这对于个体和医疗机构认知健康状况具有十分重大的意义。以手表式血压计为例，由于人们在医院测量血压时，紧张的心情、上下楼梯造成的运动状态都可能导致血压异常，因此以单次测量的血压状况代表生活常态可能是有所偏颇的。可穿戴设备通过个体的穿戴行为实现连续监测，大大减小了单次测量造成的误差，逐步形成对个体血压及其他体征的认知和理解，这才是小数据的职责和使命所在。

三、智能化学习

（一）量化自我与学习管理的应用场景

随着大数据的发展，科技产业受到深刻影响，教育产业也不例外。一些大学录取办公室称，利用大数据算法，能在录取前预测哪些申请者能取得更好的学习成绩。而在教师方面，两家教育机构表示能通过预测分析，在教师实际授课前评估其能够取得的教育效果。但是，需要注意的是，大数据能够实现的种种预测与分析，对个体了解自己的学习能力、改善自己的学习方法、调整自己的学习心态却是不足的。真正能够伴随学生成长学习、从生活中的点点滴滴来指点学生提高思想层次的，只有和个体息息相关的小数据。

美国新媒体联盟 2014 高等教育版《地平线报告》，预判量化自我将是未来对高教发展产生重要影响的教育技术之一。量化自我，将得到越来越多量身定制，甚至是意外惊喜的个性化推荐服务。对于未来教育的发展，大数据时代的量化自我，将会带来深刻的体验式学习变革（见表 8-3）。

表 8-3 小数据在个人学习管理中的应用场景

应用场景	数据内容	具体作用
易错点整理、思维导图及课后辅导	知识点、课堂笔记、作业、测验、考试等	将教师、学生和家长之间联系起来，反映学生日常学习情况
课堂反馈情况监测	课堂回答人次、课堂回答内容、学生眼神反馈等	课堂学习情况的实时检查、量化授课效果
在线教育	学生基本情况、课程内容、课程进度、课程效果等	以行为评价和学习诱导为特点不断延伸知识的边界，提升特定领域的专业能力
数字化学习平台	电子课程内容、作业、同学交流数据、考试与测验等	向无法上实体大学的人提供学习交流的机会、量化学习过程

（二）小数据带"课堂"在线回家

【案例 8.3】哈佛大学以及麻省理工学院在 2012 年联合发布了一款非营利性质的在线服务——edX。edX 平台在 2012 年还发布了课程编辑助手 Course Builder，它可以帮助教育机构编写自己的在线课程。同年，美国的顶尖大学陆续设立网络学习平台，在网上提供免费课程，edX、Coursera、Udacity 三大课程提供商的兴起，给更多学生提供了系统学习的可能。同年 9 月，谷歌发布了一个制作 MOOC（Massive Open Online Course，大型开放式网络课程）的平台。从 2014 年起，谷歌也开始与 edX 合作，强强联合推出 MOOC 在线课堂。MOOC 是一个面向教育机构、政府、商业机构以及个人的在线教育平台，认证机构可以在 MOOC 上推出自己的课程。2014 年 5 月，中国教育部、爱课程网和网易合作推出了拥有中国自主知识产权的 MOOC 平台（中国大学 MOOC）。

【案例解析】

MOOC 是一种新型的学习和教学方法，它最大的特点在于打破了传统教学对于师生聚集在同一个时空的要求。MOOC 模式使众多人同时参与课程，且不局限于单纯的视频授课，还可以横跨博客、网站、社交网络等多种平台，没有严格的时间规定。我们为什么认为以 MOOC 为代表的新兴在线教育课程对个体来说是一个小数据问题呢？其实很简单，因为 MOOC 使个体有更多的选择权。它提供丰富、专业的学习资源，在一定程度上消除了地区、学校以及学历差异造成的教育资源失衡，为个体带来了更多自主学习、交流的机会，在相对平等、充足的教育资源的供给背景下，MOOC 让学习者自己创造内容，实际上是让个体在 MOOC 平台上根据自身职业、追求等需要塑造个性化的学习方式和内容，一方面让学习者的学习管理更加具有能动性，另一方面学习者可能会觉得茫然没有头绪，教学效果可能不理想。不过，毫无疑问的是，小数据能够使 MOOC 课程更加注重和学习者之间的良性互动，从而提升课程质量或增加对授课形式的设计。

（三）小数据让学习更加"智慧"

【案例 8.4】"渴望学习"（Desire 2 Learn）是一家总部位于加拿大安大略省沃特卢的教育科技公司，它推出了基于过去的学习成绩数据预测并改善其未来学习成绩的服务项目。Desire 2 Learn 公司的新产品名为"学生成功系统"（Student Success System），该产品通过监控学生阅读电子化的课程材料、提交电子版的作业、在线与同学交流、完成考试与测验，就能让计算程序持续、系统地分析每个学生的教育数据。

据悉，加拿大和美国的1 000多万名高校学生正在使用"学生

成功系统"来改善学习成绩。

【案例解析】

从本案例可以看到，小数据能够使个人的学习过程变得更加智慧。"学生成功系统"的建立依托的是海量的课程数据与复杂的反馈系统的设计，但其秉承个性化学习的理念对每位同学的学习过程进行分析，实际上是用一种标准化的方法汲取个人异质性的数据。这些个体数据对于学生的量化学习具有非常重要的意义。利用"学生成功系统"，老师得到的不再是过去那种只展示学生分数与作业的结果，而是像阅读材料的时间长短等更为详细的重要信息。因此，老师可以及时察觉问题的所在，提出改进建议，并预测学生的期末考试成绩。

"学习成功系统"中的各类小数据，能够为每一位学生都创设一个量身定做的学习环境和相对个性化的课程，其中最突出的小数据特征就是——以一种简便的方式实现了学生与数字化学习平台之间的"人机互动"，通过对输入平台中的各种数据能够提取只属于使用者一人的学习方法和特点，从而因材施教，进行针对性教学。并且，它能够创建一个早期预警系统以便发现开除和辍学等潜在的风险，为学生的多年学习提供一个富有挑战性而非逐渐厌倦的学习计划。

四、智能化医疗

（一）小数据在医疗中的应用场景

在医学思想上，中医主张从人体的全局认识疾病，采取的治疗措施不仅仅因病而异，还因人、因时、因地而异；西医主张的则是完全确定性，也就是可以从人体的组成完全确定人体疾病的根源，因而可以有针对性地实施治疗。

谈大小数据与中西医之间的类比关系，我们知道，西医根据化验结果或其他科学仪器测试得到的结果进行诊断。例如，人们常说白血球计数高于 10 就是发炎，这是有科学根据的，大量试验样本的观察结果都是如此。这是从大数据里得到的结论。但中医不同，根据望、闻、问、切，推断应该用什么药，缓解病情。根据服药以后的情况，随时调整药方。这是一对一的，不能根据别人的脉搏来诊断病情。这就像启用病人的个人数据资料室一样，是典型的小数据问题。有很多人因为中医的诊断手段在科技上比较落后而诟病中医的科学性，这是很片面的。正统中医是积淀中国几千年的文化，经过一代又一代中国行医先辈不断探索、总结出来的精华。比如，张仲景所著的《伤寒杂病论》总结的也是过去几千年的前人经验。从千百万次观察归纳出假设，再经过长期考验，临床确实无误的才上升为中医学说，因而中医同样是科学。西医以大量的化学试验为基础，而中医则奉行"神农尝百草"式的摸索道路，主张辩证施治。从《本草纲目》中可能得到某种草药搭配能治某种病，某病人服用了，有效则继续，无效则调整药方。同样的病症对不同的人，用药可能不同，至少剂量会不同，完全根据个人不同情况处理。

因此，大数据是科学，小数据同样是科学。中医这种个性化服务，对于有些老年人、有些病，在特定条件下是最适合也是最有效的，但在面对抢救、手术等情形时却无能为力。医学是复杂的，病人在治疗过程中选择中医诊断或是西医诊断原本就是一个小数据问题。因而，我们在探讨中医和西医时，应重点关注两者不同的应用场景。表 8-4 大致对两者的应用场景进行了区分和明确。

表8-4 中医与西医的应用场景、数据内容及具体作用

	应用场景	数据内容	具体作用
中医	疾病预防、调理身体、慢性病、全身性疾病等	望、闻、问、切等观察数据	通过对个体进行整体、全面的观察对病症的机理进行认识，从根源缓解病症
	疑难杂症、跌打损伤、接骨疗疮、不孕不育	体质数据、药材数据及食材等数据	多方数据结合形成中医"土方子"，起到奇效
西医	急症、器官损伤等局部器质上的病变	血常规、X光、CT、肠镜、DNA结构等	治疗周期短，局部治疗速度较快、效果良好
	手术、器官移植、整容等	配型结果、排异反应、复健数据等	挽救生命、彻底消灭病变器官等

（二）小数据是中医领域智能医疗的前提

【案例8.5】2016年10月，百度推出百度人工智能在医疗领域内的最新成果"百度医疗大脑"。百度医疗事业部总经理李政透露，未来将可能发布"中医版"的百度医疗大脑，目前百度医疗中医大数据知识库已经有1 000余本中医古籍、1.1万种中药、10万方剂及10余万种中医药术语。百度希望借助这些信息，通过图像识别和文献挖掘，结合望、闻、问、切的智能可穿戴设备，实现中医的智能问诊。

同年，阿里巴巴旗下的阿里健康与辽宁、吉林、宁夏、云南、山东、浙江、安徽等滋补品核心产区政府、企业和行业协会签署协议，建立"滋补中国追溯体系"，这些地区出产的枸杞、虫草及三七等部分滋补品及中药材，消费者通过手机扫码的形式，就可得知药材的采摘、加工、生产等信息。

【案例解析】

当前在中医领域的智能医疗已经成了一个非常重要的话题，我们看到，巨头已经开始行动，但是从案例来看，巨头们似乎在做的还是一个围绕"大数据"的中医解决方案，不过这些围绕大数据进行的数据挖掘，语义理解与知识图谱等工作，其实更多是为之后的小数据分析打基础。因为中医这门学问，从根本上来讲并不是一个大数据问题。中医讲究的是望、闻、问、切，是全面观察个体后形成的小数据分析结论，而大数据讲究的以全量数据说话，全量数据分析有一个很重要的特征就是忽视因果性，只找相关性。但中医治疗本身一定要具有因果性才行，只找到吃了某颗草药肚子就不疼了这种相关性是不足为信的。

从本质上讲，中医是将个体内部全系统的运动变化与个体行为相联系、相结合，从而找到病因、病症和解决方案之间的联系。对于中医来说，望、闻、问、切是获得个体数据的重要途径，也是医者判断病情的最主要依据。以手诊为例，每个人的手掌纹路、青筋等小数据都反映出了全身多个脏器的运行状况。医生由此结合病变的部位判断其性质、邪症的虚实、盛衰，因正而立法，依法而选方，随方而遣药，真正贯穿理、法、方、药的基本步骤，才能以常测变。小数据在中医中的运用一定程度上解决了医患之间信息不对称的问题，使病情能够得到更有效的医治，这也是中医领域里智能医疗所必须遵循的前提。

第九章

预见世界

一、认知的革命

（一）小数据与预见世界

传统意义上的小数据是通过目前主流软件工具可以在合理时间内采集、存储、处理的数据集。经典的数理统计和数据挖掘知识，可以较好地解决这类问题。而大数据时代下的小数据，是一类新兴的数据，它是以个人为中心的全方位的数据，是我们每个个体的数字化信息，因此，也有人称之为"iData"。这类小数据跟大数据的根本区别在于，小数据主要以单个人为研究对象，重点在于深度，即对个人数据深入的精确的挖掘；而大数据则侧重在某个领域方面，在大范围、大规模全面数据收集处理分析，侧重在于广度。

小数据更加"以人为本"，认识一切数据存在的根本，人的需求是所有科技变革的动力。可以预见，在不久的将来，数据革命下一步将进入小数据时代。通过数据分析提高销售水平和服务质量，是企业未来发展的重要手段。目前，我国小数据的分析和应用虽然处于初级阶段，但是有不少企业已经可以对现有数据熟练地进行全面分析，并且可以全面把握数据中的变量，充分利用小数据分析结果对公司进行发展预测。不难看出，这些企业没有走大数据路线，而是反其道而行之，走起了小数据分析和应用路线，并且将小数据应用于企业运营过程中，结合小数据的人文因素，引入社会和心理等因素，能够全方位、多维度地进行分析，因此得到的结果将更加准确。这也是未来小数据的发展方向和趋势。

另外，为了使得小数据的分析能够更加精准、准确，进而能够做出更加有预测性、有价值的决策，使其应用于企业运营过程中，小数据预测对人才也提出了要求：有统计学、商业分析和自然语言处理能力，能够全面掌握数学、统计学、计算机等更多方面的知识。

（二）认知革命时代

人类社会将迎来认识革命的新时代。随着这个时代的到来，小数据和大数据都将面临全新的机遇与挑战，尤其是大数据，面临着"何去何从"的抉择。认知革命的根本是"极数定象"，对此，我们需要有更深刻的认识与理解。

回望历史，我们的祖先在长期的生产和生活过程中，在面对天灾人祸的威胁和生老病死的无奈时，他们渴望能够了解世界的真相与规律，把握自己的命运。在这个过程中，他们尝试着通过蓍草、龟甲、牛骨等进行"占卜"，希望能够实现一种"天人之间"的沟通，并借此获得信息，了解规律，掌握命运。这是人类预测的"混沌时代"。到了春秋战国时期，古人在《易经》的研究过程中，提出了"极其数，遂定天下之象"的思考，这不仅是对"大数据"的最早的经典诠释，也是对"小数据"的高度概括，这让我们不禁对古人的智慧，心生敬畏与赞叹。

"极其数，遂定天下之象"的关键和前提是"极"。"极"意味着最高点、尽头、极点、极限和顶端，意味着全部和完整。古人认为"极"是宇宙运动变化过程中的一个周期时限，是时间的最大单位和最高层次，"一极"为31920年。"极"意为时相之尽头，故有"太极"之说。作为动词，"极"意味着穷、竭、究，到达极致。因此，从认知的角度看，"极其数"的"极"，首先，是对"数"（信息）、"量"的观察，即信息的完整性，也是所谓的"大数据"；其次，是对"数"（信息）、"质"的观察，即信息的深刻性，也就是所谓的"小数据"。

作为"极"的重要前提和基础，首先是基于全局的观察（大数据）。另外，我们还想观察每一个局部（小数据），因为"极"都是相对的。由于认知的局限，人们往往容易被当下（大数据）和自我（小数据）所局限，犯了"管中窥豹""一叶障目"的错误，却浑然不知，甚至自以为是。但无论如何，人要学会建立起一种敬畏，即对"未知的未知"的敬畏，对时空的敬畏，同时，要学会不断突破自我，不被束缚。用中国古人的意境表述是"会当凌绝顶，一览众山小"。人，只有站到了高处（大数据），才能更全面和更彻底地观察与认识自我（小数据）。但即使是这样，还要清醒地认识到：我们仍然可能是真相"茫茫大漠"中的一只蚂蚁。

（三）算法时代

随着科技的发展，特别是量子理论和量子信息科学的发展，人类社会将迎来"算法时代"。"算法时代"最重要的关键词是"维度""速度"。"维度"，即数据，即信息的维度（颗粒度）；"速度"，即处理数据，即信息的速度。

"算法时代"是一个不断接近真相的时代，因为，认知科学的本质是计算科学。作为计算科学的重要基础是"数据可能"与"计算（算力）可能"。还记得那只"认知大漠中的蚂蚁"吗？从"数据可能"的角度看，人类目前的认知是：我们掌握的信息只是"全部"信息的5%，因此，我们的"无知"要远远大于"已知"。但随着"信息爆炸"时代的到来，随着"大数据"的出现，人类能够获得的信息将不断扩大，这种扩大不仅是数量，更有"颗粒度"、维度，为"数据可能"提供巨大的想象空间。从"计算可能"的角度看，随着科技的发展，尤其是量子技术的应用，人类的计算能力将迎来"超级计算时代"，并迎来"指数级"的进步与跨越。面对一个"亿亿亿"的计算，按照现在的计算能力，可能需要 100 年，而如果用量子计算机，可能只要 0.01 秒，"计算可能"是所有可能的基础。

计算科学的进步带来的计算能力提升将成为未来社会的"决定性能力"，它对于人类社会的影响可能超过 20 世纪的"核能力"，成为财富再分配的重要因素，甚至是决定力量。正如目前已经开始崭露头角的"智能投顾"，就是一个典型的场景。未来，当一个"基金经理"面对"智能投顾"时，就可能像当年义和团的"长矛大刀"面对八国联军的"洋枪洋炮"一样，勇气虽可嘉，结果却无奈，留下的只是几声唏嘘，几声感叹。

从"数据可能"的角度看，随着感测技术的发展，能够实现对这个世界"更加透彻的感知"。随着通信技术的发展，能够实现对人和信息的"更加全面的互联互通"。因此，人们能够更加直接、微观、立体、实时和动态地观察世界，同时，随着社会的全面数字化，我们将迎来"数字生命"和"数字社会"时代，迎来数字和信息的"高维时代"，它意味着数字化的与生俱来，意味着数字化的无处不在。

从"计算可能"的角度看，随着量子力量的发展与应用，也包括纳米技术等相关科技进步的"策应"，信息技术领域将迎来革命性的迭代进化，具体表现在处理、存储、传输和安全四大领域。数据处理（计算）能力是核心能力，因为，计算速度的提升不仅是一个技术指标，更是一个基础理论和科技进步的关键指标，并且，就认知科学，乃至整个人类社会而言，速度等于可能！在基于量子技术的超级计算面前，所有"数学难题"均是"小菜一碟"，微不足道。而随着计算能力的提升，认知将进一步深化，也为智能化奠定了坚实的基础。

当认知科学领域发生"天翻地覆"的变化时，我们的未来又会是怎样？认知革命，特别是"真相时代"的到来，"预测"将被"预见"取代，那么，"预见未来"将不再是遥远的星辰。如果认知科学的本质是计算科学，那么，"大数据"和"小数据"争夺所谓"大小"的"江湖地位"意义何在？但我们需要觉悟的是：此"数据"非彼"数据"。面向未来，"大数据"和"小数据"将开启一个"全新故事"，一个"预见未来"的故事。

（四）信用评估

1830年，英国伦敦第一家现代征信机构的出现标志着资信评估行业的诞生。到20世纪初，资信评估行业逐渐形成了信用评级和征信两大相对独立的分支，前者主要服务于资本市场，如美国的标普、中国的大公国际等公司，后者主要服务于借贷市场，如美国的FICO（费埃哲）公司、中国的中国人民银行征信中心等机构。

大数据是信息时代发展到数字化阶段的结果与体现，尽管对于大数据以及大数据时代的定义还存在一些争议，但是大数据对人类经济、社会、思想、文化等领域的影响与冲击则是有目共睹的，并且这种影响日益深刻与广泛。大数据时代的一个突出特征就是信息量及其增长速度的飞速提高，同时信息传输方式越来越便捷。而揭示信用风险的资信评估正是以信用信息为加工和分析的载体，当前大数据对传统资信评估尤其是对企业信用评级和个人信用评分方面产生了巨大的冲击。

同时，大数据征信目前存在一些困难：一是数据的虚拟性和"信息噪声"。虽然大数据及其分析提高了信息获取的数量和精度，但由于虚拟世界中信息大爆炸造成的"信息噪声"，导致交易者身份、交易真实性、信用评价的验证难度更大，反而可能在另一层面更强化信息不对称程度，也更容易存在信息垄断。二是信用数据关联的不确定性。信用数据是多样化的，包括朋友信用、爱情信用、事业信用等。所谓忠孝不能两全，一个对朋友忠诚的人不一定对事业忠诚，对事业或工作忠诚，也不一定能说明他的金融信用好。大数据通过日常信用来判断金融信用会出现偏差。三是"数据孤岛"不能实现数据共享。互联网平台具有强烈的规模效应，平台越大越容易产生数据，越容易使用数据，但是大平台的数据，不可能提供给其他公司使用。

因此，虽然大数据征信能够降低信息不对称性，更全面地了解授信对象，并增加反欺诈能力，同时能够更精准地进行风险定价，但目前还不能完全取代传统征信。大数据风控可以从数据维度和分析角度提升传统风控水平，作为一个必要的补充，可以让传统风控更加科学严谨，但是真正的信用评估应该包括传统的数据（小数据）、可替代的数据（大数据）、用户网上行为数据（小数据）、社交网络信息（大数据）、用户自己回答的信息（小数据），要把这些信息全部综合起来才可以事半功倍。

二、经营的本质

（一）企业经营中的小数据应用场景

我们每一个人生在这世界上都是独一无二的，每个人都有自己鲜明的个性和特点，这是由我们每个人与众不同的 DNA 序列所决定的。通常人们会评价一个人乐观、善良、敏感多疑、热情、有责任心等，这些都是一个人的个性标签。同样，从个体的层面看，一个企业也算得上是一个个性鲜明的"人"，每个企业都有自己独特的个性，我们一般称之为企业文化。

企业文化是一个企业价值观的集中体现，就像古代每个部落都有一个自己的图腾一样，有的图腾是鹰，有的图腾是虎，象征着这个部落独特的文化和信仰。企业文化是一个企业联系企业员工和加强企业凝聚力的法器，随着时间的变化和企业的发展，它会有所变化，这些共有的价值观念体现也决定了企业员工对企业的看法和对社会的理解。当然，企业文化一般始于企业创始人的个人信念和远见，创始人一般拥有独创性的思想，要突破一个行业的禁锢和局限性，才能创立一个独树一帜的公司，在市场上占得一席之地。为了使创始人的个人信念更好地传递给企业员工，才有了企业文化和其他的管理制度，通过这种方式影响到每个员工，心向一处想，劲往一处使，才能让企业越做越强。如IBM公司的创始人托马斯·沃森，虽然于1956年去世，但他关于研发、产品质量、报酬政策等的灼见，至今仍体现在公司的日常经营中。

不同于企业可量化的财务数据、房产规模、不动产价值、投资收益等，一个企业的企业文化、管理制度、创始人的眼界、理想等这些每个企业都有各不相同的个性特征，是一个企业小数据的集合，虽然我们可以从企业的财务报表等可量化分析的数据指标去分析一个企业的经营效益、资金流动状况的好坏，可以从数据结构运用大数据挖掘技术去分析这个企业的优势劣势，但是仅仅从大数据层面去评判一个企业是远远不够的，数据只能体现一个企业短期的、账面上的运营状况，但对企业的发展起决定性作用的还是企业文化、管理效率、员工质量及忠诚度等这些不可完全量化的小数据。一家公司可能近几年运营良好，各项数据指标都很优秀，但是决策者的一个决策失误、企业管理的疏忽和低效，都会导致这家公司走下坡路，而这些都是通过大数据难以准确发现和确定的，但是小数据能做到。

（二）企业经营的"大环境与小环境"

【案例 9.1】在大数据时代，以互联网为代表的现代信息科技将从根本上改变金融运营模式。数据在呈现出海量化、多样化、传输快速化和价值化的变化趋势的同时，也改变了传统金融行业的市场竞争环境、营销策略和服务模式。某商业银行，基于客户特征集合形成的客户标签有成百上千甚至成千上万个，这些标签在构建时的业务目的和适用场景各有不同。随着应用标签的场景越来越丰富，该银行想逐渐形成一套完整的客户标签体系。2017 年，该银行提出对现有数据库进行改造、替换，升级为大数据平台，改变传统的数据分析方式。

【案例解析】

随着"大数据时代"的来临，数据分析对于银行的重要性已成为业界的共识。关于银行大数据如何获取以及如何使用的讨论层出不穷，然而，说到具体应用又另当别论了。"大数据分析"也意味着高成本的投入，与其踌躇于是否花费巨资做到面面俱到，我们建议不妨先从一些投入产出比高的"小数据"分析入手。

大数据实际是从多如繁星的信息中抽取出对客户需求、态度和行为的洞见，从而帮助制定高度聚焦的精准销售和市场营销活动。这样的做法其实并不新鲜，早些年市场营销人员就已经开始借助对已有数据的分析来支撑营销项目。

如今的不同之处在于：由于信息收集、储存和分析技术的发展和处理能力的提升，可供使用的数据和种类都已呈几何式增长。毫无疑问，这些新的信息技术为获得更为深入而复杂的客户行为数据、制定更为精准的商业战略、财务与风险管理等提供了极大的可能性。

大数据项目同时意味着大量的成本投入和风险。例如，大数据项目需要大量的资金和人力投入，而这样的投入往往超出大部分银行的可接受范围。此外，这类项目的有效性主要取决于对前期假设的验证，从而确立算法来建立预测模型。然而，这些数据模型中常常会出现偶然和不同数据类型的差异性，会导致后续验证工作异常困难。

然而，如此面面俱到的分析任务并不一定能够提供给管理层足够的洞见，来制定改善业务绩效的措施。因此，我们建议银行将有限的资源投入在更为可控，且投入产出比更高的数据分析维度上，这样反而会产生更多直观的收益和可衡量的结果。

更好的分析结果对利润和发展而言非常重要，关键在于如何选择简单而又有力的分析方法，为银行的主要发展与管理指标（财务表现、客户、市场信息与机会、运营效率和服务渠道的优化），来提取更有实际意义和可操作性强的信息。

这些类型的分析并不需要复杂的公式、新奇的技术，也不需要IT资源过多的投入。另外，这些数据能够与第三方机构已经做的行业标杆数据和市场地域信息等数据进行对比。我们建议银行可先从以下这五个方面的"小数据"分析开始。

（1）财务报表

许多银行高管会使用财务数据来与同行进行比较，从而为个人业务战略与投资方向设定更高水平的业务与贡献度指标。然而，这样的比较必须不限于高水平的绩效指标，如股本回报或净利润收入。为了让数据分析更为有效，还需要包括其他驱动因素，如存款组合与增长、赚取的资产及运营效率等指标。另外，还需要与一组高绩效银行的数据进行单独比较，并对所选高绩效银行的成功案例进行收集，从而更为全面而深入地了解其业务策略市场、聚焦点和运营环境等成功要素。

（2）客户

客户是银行最有价值的资产，大部分银行无论是针对个人银行客户还是公司银行客户，客户关系管理系统中都已有非常多的可供分析的数据，如产品渗透率、余额情况、服务渠道的活跃度、利率和风险偏好等。

其中最大的挑战在于要将数据形成相应的模型，从而帮助识别客户获取、交叉销售和客户保留的机会，进而用于制定市场营销抓手、销售策略以及客户关系管理相关的其他决策。在这些客户经营指标方面，第三方机构已有相应的行业标杆数据，银行可通过将本行数据与行业标杆数据比对之后，确定更为切实可行的绩效改进目标和学习对象。

（3）市场

银行的战略方向和业绩水平很大程度上受制于其所服务的市场大小、规模及其构成以及市场活力的影响。因此，建立一份有关服务市场的档案信息非常必要，银行能够从中制定竞争策略、识别市场增长潜力并设定工作的优先级。

理想情况下，市场信息档案应包含当地经济和人口统计信息，预期的增长空间、目标客户的集中度等数据，因为这些数据将会直接影响其市场中目标客群的细分、金融产品的使用行为、市场竞争的类型和竞争激烈程度等。

银行的客户基础和竞争水平，将与每个市场的信息进行比对，增长潜力也将通过客户细分群体和产品计算出来。这样的分析能够帮助银行识别当前在哪些市场产品和细分客户群体的渗透率较低，进而帮助银行制定相应的业务战略和设定客户获取、交叉销售和客户保留等同项目的优先级。

同样地，市场分析应该服务于每个银行网点的服务领域。这样的分析能够帮助银行网点确定自身的销售目标和人员配置等。

（4）运营

改进生产力和效率对于提升财务表现至关重要。其实，银行已经有大量能够判别运营效率和跟踪绩效表现的数据，只是这些数据需要更好地进行收集、组织和分析。运营效率的分析方式是针对支持部门和直接面向客户的部门，选取一定数量的相关指标进行分析与排名，同时还可再与行业标杆数据进行比对。

这项分析的目的是识别银行在哪些方面与同业的做法存在着差距以及差距的大小，同时还将有助于银行制定相应的提升策略和优化措施，以便达到改进产能与效率的目标。

（5）渠道与销售

对每一个网点在其服务范围内的经营特色、发展机会与现状进行分析，是非常有必要的。每个网点的绩效分析维度应包含：销售和服务活动、财务表现、运营成本、人员配置水平与人员构成，以及网点的活力。

我们建议将网点的绩效分析与市场分析相结合。这样做能够帮助管理层对市场营销经费的分配、人员配置水平，以及应该关闭哪些网点、在什么地方开始新网点、如何对部门进行重组等方面做出更为合理的决策。

另外，建议银行对每个网点的手机银行和网上银行的覆盖比例进行分析。这样的分析一方面能够与同业标杆数据进行对比分析，另一方面有助于制定更为有效的市场策略和营销项目。

这五个方面的分析能够相对容易地开展并为管理者、投资人和并购伙伴提供关键的信息。对于大部分银行而言，将有限的资源投入在小数据分析上而不是昂贵的大数据分析上，实则更为合理。

三、信用的价值

（一）小数据在信用评估中的应用场景

　　征信对于国人来讲，在 2015 年以前还是一个比较陌生的概念。自 2015 年初央行开启个人征信市场化闸门以来，征信势如破竹般迅速进入公众视野，并通过与金融、商业、消费、生活等场景的结合，迎来爆发式的突进。2015 年 1 月，获准做好开展个人征信相关业务准备工作的八家民间征信公司，取得了第一批个人征信牌照，其中既包括中诚信、鹏元征信这样的传统征信公司，也包括芝麻信用、腾讯征信、前海征信这些背靠阿里、腾讯、平安集团的互联网征信公司。加之百度、京东、宜信等公司对个人征信的垂涎，以及企业征信市场需求的快速增长，整个征信市场呈现出蓬勃发展、百花齐放的态势。大数据征信拓展了资信评估信用信息的内容（详见表 9–1）。

表 9–1　传统资信评估与大数据资信评估在信用信息上的比较

项目	大数据资信评估		传统资信评估	
内涵	一切信息都是信用信息		以资产负债类信息为主	
来源	社交网络、电商网络、移动终端、征信机构		私营商业银行、上市商业银行、开发银行、信用合作社、财务公司、信用卡发卡公司、贷款公司、零售商、公用事业单位等	
数量	数量有限	FICO 评分只有 15~20 条变量	数量很多	ZestFinance：10000 多条信息；Wecash 闪银：6000 个数据点；Kreditech：15000 个数据点
类型	以非结构化数据为主		以结构化数据为主	

（1）拓展了信用信息的来源。传统资信评估的信用信息来源主要是以银行为主的金融机构，如私营商业银行、上市商业银行、开发银行、信用合作社、财务公司、信用卡发卡公司、贷款公司等，另外也有部分公用事业单位。因此，其信用信息主要是金融交易记录信息，这一点在中国人民银行征信报告中体现得也非常明显。而大数据资信评估的信息来源比较广泛，除了通过征信机构获得传统资信评估信息以外，主要借助现代通信技术，从社交网络、电商网络、移动终端等获得各种信用信息，并且这些网络来源的信息量非常大。

（2）扩展了资信评估的参考变量。美国 FICO 信用评分指标不超过 50 个，一般包含 15~20 个变量，当前中国人民银行的个人信用报告仅包含 20 个左右的变量。而美国的 ZestFinance 公司进行信用评估时，采集贷款人 10000 多条信息，最后遴选出 7000 条指标变量；德国的 Kreditech，采集 15000 多个数据点；中国的 Wecash 闪银软件，采集到用户 6000 个数据点。

（3）增加了信用信息的数据类型。根据存储特征，可以将数据分为结构化数据、非结构化数据。结构化数据具有一定的逻辑结构和物理结构，一般存储在数据库中，大多存储在关系数据库中。结构化以外的数据即为非结构化数据，大多以文本的形式存在，不能存储到数据库中，而非结构化数据中，有一部分又具有一定的逻辑结构和物理结构，如 HTML（超文本标记语言）、XML（可扩展标示语言）中的一些数据，即属于半结构化数据。传统信用信息对应的数据基本都是结构化数据，可以用二维表描述，而大数据时代的信用信息大多是非结构化数据，难以用传统的数据库储存，这就使大数据资信评估的数据分析手段与传统资信评估区别较大。

（二）评意愿还是测能力

【**案例 9.2**】2015 年 8 月 12 日，蚂蚁金服旗下芝麻信用与网易旗下单身交友社区花田达成合作，花田会员可以授权开通并展示芝麻信用分，还可以查看交友对象的芝麻信用分，力求"诚信交友""杜绝骗婚"。仅在 2015 年的上半年，几家民营征信公司就已迅速完成组织建设，推出了各具特色的信用评分产品（见表 9-2）。比如，芝麻征信的"芝麻分"和考拉征信的"考拉分"已经应用到酒店、租车、旅游等多个场景；前海征信的"好信度"目前主要服务于金融信贷，华道征信已推出的"猪猪分"专门用于检验租房者信用状况，中诚信的"万象分"则可以用于就医、保险领域。2016 年，随着共享单车等"共享经济"产品的火爆，个人信用分成为了租车用车免押金的重要依据……

表 9-2　常见的市场化征信产品介绍

机构	主要股东	主要数据来源	征信产品
芝麻信用	蚂蚁金服	阿里巴巴的电商数据、蚂蚁金服的互联网金融数据；合作的第三方机构提供的数据（包括公安、法院、政府部门等提供的数据）	信用评分服务：芝麻信用分，参考国际主流的信用评分模式，综合考虑包括信用历史、行为嗜好、履约能力、身份特质、人脉关系五个维度的信息
腾讯征信	腾讯	QQ 的社交数据、财付通的交易数据；合作的第三方机构提供的数据（包括教育、交通等数据）	反欺诈产品：包括人脸识别和欺诈测评两个主要的应用场景，主要服务于银行、证券、P2P 等商业机构 个人信用报告：信用等级采取打星的形式，综合考虑用户的消费偏好、资产构成、身份属性和信用历史四个维度

机构	主要股东	主要数据来源	征信产品
考拉征信	拉卡拉、旋极信息、蓝色光标、拓尔思、梅泰诺等	拉卡拉金服的数据、其他股东的数据；合作的第三方机构提供的数据（包括公安、法院、航空、教育等数据）	信用评分产品：考拉信用分，包括个人信用分和职业信用分考拉信息验证平台：对借贷人在贷前、贷中、贷后进行认证、跟踪和审核，为互联网金融平台提供风险保障
前海征信	平安集团	平安集团的数据；合作金融公司提供的数据	数据产品：好信黑名单、好信度（评分产品 Credoo）、好信盔甲（防欺诈平台）功能性插件：好信认证和好信易申请（识别客户身份）

【案例解析】

"信用分"是各征信公司通过自身平台和外部抓取的个人信息数据进行分析整合，对个人的消费能力、偿债能力和还债意愿等做出的综合测试评分数。数据类型五花八门，有电商如淘宝、天猫等购物数据，第三方支付的交易数据，通信、水、气等缴费及其他公共事业数据，社交数据……这些数据的利用和分析有赖于大数据技术的计算和分析，因此个人征信又称为大数据征信。征信本质上是从信用能力和信用意愿两方面分析，但是大数据征信真的能同时测评这两方面吗？银行等金融机构的信贷数据是较好的数据，而其他很多征信应用场景多以判断主体的诚信度来预判违约可能，其实质只帮助判断信用评估里的主体履约意愿问题，而不能正确评估更重要的主体履约能力问题。大数据中存在几方面的问题：①市场中很多模型只适用于自己的小生态，应用场景有限，数据共享、平台开放可能性不大，同一个人在不同平台得到的评分可能会千差万别；②"征信采集者与使用者没有任何关系"的原则被打破，市场化的征信机构数据的采集和使用都与自身平台使用有着千丝万缕的联系，既做裁判又做选手，最终评价的公正性有待商榷；③市场化征信体系的评估范畴尚无统一权威的定论，征信的范围越来越大，如交通违章、地铁逃票等。这些行为虽然揭露了个人品质存在的问题，但并不是金融属性的数据，与还款能力和意愿并没有太密切的关联，将其纳入考虑很可能是不恰当的。

四、军事的科学

（一）军事中的小数据应用场景

在军事领域，基于大数据的战场将更加透明、决策将更加高效、保障将更加精准，对军事斗争准备和总体战略部署的意义非同凡响。大数据的运用能够帮助军队主动跟进、积极作为，努力抢占军事斗争领域的制高点。但是在具体的战斗过程中，由于战况实时变化，因此需要决策者用辩证思维来全面审视，切实找准提升作战指挥效能的着力点。要清醒地认识到，没有具体单位精准可靠、实用好用的小数据作为战术支撑，大数据的一切分析预测便是海市蜃楼、空中楼阁，使军队陷入更复杂的"感知陷阱"。

应该说，当前中国军队的作战数据建设还比较滞后，在作战任务规划、作战指挥协同、战场态势融合等核心数据系统的建设上存在很多彷徨之处：因循守旧不想用、数据陈旧不能用、复杂烦琐不会用、担心泄密不敢用……因此，在军事领域的发展和创新过程中，应当确立大数据理念，但也要警惕泛大数据化，冠大数据之名，却无大数据之实。应从具体单位的小数据入手推进大数据战略，完善顶层设计，强化实践检验，为精确指挥、精确控制、精确保障提供有力支撑（如表9-3所示）。

表9-3　小数据在军事中的应用场景

	应用场景	数据内容	具体作用
大数据	分析提取重要情报	通信、媒体、舆论、卫星侦察等数据	提高情报信息处理效率、获取秘密情报
	丰富军事科研方法	实兵对抗演习、理论科学、计算机模拟等数据	智能化寻找数据中的关联，发现未知规律
	确立总体战略方针	战略目标、军事情报、作战环境等综合数据	变革决策思维、模式、方法，分析预测作战情形
小数据	制定具体军事战术	双方战略企图、作战规律、兵力配置、军人行为等数据	掌握敌方主要特征进行针对性战术部署
	优化训练模拟系统	作战环境、部队编制、武器装备性能、训练过程和结果状态、受训者情况等数据	根据军队的实际需求和作战水平优化系统
	变革军事组织形态	每个作战单元的全部信息、军种、部门等数据	以数据为基础引导变革传统军事组织形态

（二）将小数据转化为有效的战术战法

【案例9.3】在"火力—2016·山丹C"跨区机动演习中，某旅首次从渤海之滨转战西北戈壁。他们根据以往的演习经验，快速构建了严密的防空网。但蓝方出其不意，屡屡重创该旅。演习中，一位防空兵指挥学院的专家钻进指挥官所在的雷达方舱，一路观察、记录和测算，对该旅作战行动进行了深入分析。专家认为该旅虽掌握了大量的敌我数据，但并没能转化为有效的战术战法。在专家的指导下，该旅通过前期采集的敌我数据，分析蓝方进攻规律，推演我方各种作战方案的利弊得失。通过对作战数据的深度挖掘，该旅推导出最优战术方案。在随后的对抗中，某旅转败为胜。

【案例解析】

本案例中最能够引人深思的关键要点是：躺在那里的数据是无用的。毫无疑问，该旅在机动演习初期已经获取了作战所需的大量敌我双方的小数据，按理说应能稳操胜券，但却屡屡挫败。专家的观点一针见血，虽然收集到了数据，但是该旅并没有把数据转换为有效的战术。进一步说，该旅的士兵拿到数据后，并没有建立其与该旅的作战思维和作战特点的联系。也就是说这些"有棱有角"的个性化数据骤然失去了性格特点，变成了躺在地上的一堆数字。这并不是说士兵缺乏解读数据、分析数据的方法，而是说小数据的获取和分析应该更加突出个体"性格"的特殊性，在本案例中即蓝方的进攻规律、我方各种作战方案的针对性。只有把数据分析到这一层次，才能够将数据转换成有效的战术方案。事实上，现在很多军事基地都会建立数据研究中心，中心的工程师会采用分类、聚类、关联、预测等方法，对数据进行深度挖掘，开展最佳干扰样式分析、决策习惯分析、数据关联分析等。数据挖掘和分析的手段很多，但是要进行科学的、有血有肉的分析，不能让大量的小数据在分析的过程中失去其"个性"，否则就会丧失分析的意义。

第十章

预见未来

一、小数据与黑天鹅

（一）黑天鹅：一个不可预知的未来？

"黑天鹅事件"与"大数据时代"，可算是现下流行的两个高频词汇。

其实"黑天鹅"并不是什么新词。据说，17世纪的欧洲人认为所有的天鹅都是白色的，因为他们从来没有见过其他颜色的天鹅。直到18世纪初，欧洲人远渡重洋来到澳大利亚，一上岸就惊奇地发现，居然有天鹅是黑色的！欧洲人一下子蒙了，因为他们之前那么坚信自己的判断，可事实让欧洲人的信念土崩瓦解——史称"黑天鹅事件"。

在人类社会发展的进程中，对我们的历史和社会产生重大影响的，通常都不是我们已知或可以预见的东西。"黑天鹅"的逻辑是：你不知道的事比你知道的事更有意义。股市会突然崩盘，美国地产泡沫会引发谁都没有预料到的次贷危机，一场突如其来的大雪会使大半个中国陷入瘫痪状态，导致上千亿元的损失……其实我们每天都被"黑天鹅"环绕着。即使你足不出户，认识到黑天鹅事件的影响力并不难。审视一下你自己的生存环境，数一数自你出生以来，周围发生的重大事件、技术变革和发明，它们有多少是在你的预料之中？看看你自己的生活，你的职业选择、与爱人的邂逅、朋友的背叛、暴富或潦倒、股市大涨或崩盘……这些事有多少是按照计划发生的？

"黑天鹅"的出现预示着，世界上永远存在不可预测的重大和罕见事件，意料之外，一旦出现却有可能改变一切。人类总是过于相信自己的经验，希望自己的判断、决定和计划能如期而至，但是现实总是让我们措手不及。无论是泰坦尼克号的沉没、第二次世界大战还是"9·11"袭击事件、美国的次贷危机、互联网浪潮等，都不是人为能够预测出来的。但这些事件的发生，对人类历史发展的进程产生了重大的影响。

黑天鹅真的不可被预测吗？无论是政府官员，还是经济学家，乃至普通的数据分析员，都在苦苦思索，希望能够找到破解黑天鹅的钥匙。但从系统上来说，想预测黑天鹅，这本身就是一个"Mission Impossible"（不可能完成的任务）！

（二）大数据预测黑天鹅的失灵

大数据，尽管有很多所谓成功的案例，看起来也的确很高大上，但其并非预测未来的魔幻工具。大数据让预测成本变得越来越低，从而带来大量相关性的预测，然而预测并非事实。随着我们越来越依靠数据，我们必须记住一个事实，就像我们不能为了防止溺水而禁售冰激凌一样，我们不能依靠今天的数据去预测明天的一切。

2016 年在大数据领域最重要的事情之一就是预测美国总统大选的结果。《纽约时报》预测，希拉里的获胜概率是 85%。《赫芬顿邮报》的预测模型则预测希拉里的获胜可能性为 98%。FiveThirtyEight 的预测甚至精确到小数点，它认为希拉里的获胜概率是 71.4%。

但最后利用大数据分析的预测结果都错了，最终发生了特朗普当选美国总统的"黑天鹅"事件。曾经在 2008 年和 2012 年两次成功预测了美国总统大选结果的数据大神 Nate Silver，今年竟然连续在 9 个州预测失败，不禁令人大跌眼镜。

美国大选的预测失败，使大数据预测分析领域进入了一个短暂的低潮期，甚至对整个行业都产生了负面影响。

在普通人的日常生活中，也存在很多黑天鹅现象。无论是你的个人收入、知名度，还是你的 Google 搜索量、血压、牙患、股票价格都有可能是"黑天鹅事件"，它们在过去的几百天之内只发生了微小的变化，并且具备一定的趋势。你以为事情会一直这样发展下去，就像太阳每天从东边升起、在西边落下一样自然，但是突然有一天，"砰"的一声，一个过去从未有过的巨大变化发生了！比如，"乐天玛特"超市在华门店突然关闭近九成。

为什么大数据预测黑天鹅同样也会失灵呢？举个简单的例子，传统的大数据分析，像 R 语言统计分析软件中，默认设定置信空间是 95%。也就是说，5% 的小概率事件是不考虑的。而实际中，恰恰是这 5%，就出现了黑天鹅。

至于目前流行的各种大数据核心算法，都是基于统计分析、聚类分析，以及各种各样、五花八门的分析模型。这些分析模型与算法，大多基于传统的人工智能研究，什么啄木鸟算法、萤火虫算法、蚁群算法，大部分都是经验性、实验模型，缺乏系统的理论支持。这些算法，看名字就知道，玄而又玄，不知所云。关键的是，这些算法都是受限模型，是基于某些特定条件下的模型，无法通用。

所以要想通过大数据去准确预测黑天鹅事件，基本上也是不靠谱的。

（三）黑天鹅并非无迹可寻

黑天鹅的光临从表面上看，确实不可捉摸，但世间万事万物都有其规律可寻，是有因果关系的，只是人的认识能力有限，一些事物的变化规律未被人类掌握发现，因而不清楚事物变化的因由，故而感到事物变化无常。但如果我们回过头来再看黑天鹅事件，每一次的黑天鹅事件，又似乎都有其道理。

（1）只要是黑天鹅，发生之前总会暴露蛛丝马迹

黑天鹅事件的爆发，往往被冠以"意外"的帽子，可是黑天鹅事件真的意外吗？并非如此。从现实来看，我们总能在黑天鹅事件发生后找出合理的解释，这就说明黑天鹅的爆发一定是有原因的，只是在当时的情况下我们并没有将这些原因与黑天鹅事件联系在一起，这也恰恰说明黑天鹅是具有潜伏期的。

2017 年，两起惨痛事件永远地留在了许多美国人的记忆中：一起是美国现代史上伤亡最惨重的枪击案，另一起是"9.11"事件以来发生在纽约最严重的恐怖袭击。

2017 年 10 月 1 日晚，白人枪手帕多克在赌城拉斯维加斯在一场露天音乐会现场开枪扫射 11 分钟，当场夺走 59 条人命，另有 500 多人受伤。同年 10 月 31 日下午，乌兹别克斯坦籍男子赛富洛·赛波夫驾车在纽约曼哈顿繁忙的西侧快速路上撞击行人和骑车人，8 人命丧车轮之下。

人们注意到，"9.11"之后的 16 年内，有组织、大规模的恐怖袭击在美国大为减少，但由个人策划实施的"独狼式"恐怖袭击威胁则日渐上升。恐怖组织通过社交媒体进行宣传，受蛊惑的个人利用生活中的常见器材发动袭击，令政府部门防不胜防。纽约市警察局负责情报和反恐的副局长约翰·米勒坦陈，防范独狼式袭击"很难，且以后会更难。"他指出，过去恐怖分子策划袭击的过程中会同组织联络，反恐实际是情报战，但现在威胁来自个人，除非能"钻进他们的脑子里"，否则几乎不可能预先掌握恐袭的情报。

但是细细分析，纽约上述两起恐袭事件的嫌犯都是看到"伊斯兰国"在社交媒体上的宣传后萌生作案念头的，与此同时，枪支暴力事件在美国 2017 年早有先例。2017 年 1 月 6 日，佛罗里达州东南沿海

的劳德代尔堡机场枪击案致 5 死 8 伤；同年 6 月 14 日，距美国首都华盛顿仅约 7 英里（约 11.2 公里）的一处棒球场发生枪击事件，包括国会众议院共和党党鞭史蒂夫·斯卡利斯在内 4 人受伤；拉斯维加斯枪击案 1 个月后，德克萨斯一座教堂内又有 26 人命丧枪口之下。这说明虽然独狼式袭击的情报很难被人掌握到，但实际上美国的移民政策和枪支管理体系早已存在漏洞，其与黑天鹅事件的爆发不无关系。

其他的黑天鹅事件亦是如此，能够事后被解释的事情，事前一定会有原因，就看我们谁能够识别出这些因素，并且有能力将这些因素与黑天鹅事件联系在一起，在潜伏期内提前做好应对措施。

（2）黑天鹅必定会有一段能量爆发前的积聚期

黑天鹅除了具有潜伏期外，它还往往存在一个能量爆发前的积聚期，能量积累的时间越长，事件爆发后的影响力越明显。

2016 年 6 月，和之前民意调查和博彩公司的预计不同，英国居然真的"脱欧"成功了！这一结果震惊了整个世界。

"赌博市场被误解""工党失去了工人阶级的支持""民意调查被误解""伦敦错了""英国政府错了""代沟冲突"……我们听到了许多为这个结果的辩解的声音。但仔细想一想，英国脱欧的结果又是必然的，因为脱欧的情绪早已在大街小巷影响着每个英国公民，并且这种情绪的影响已经悄然地蔓延了很长一段时间，来看一看这些早已传遍的政治讽刺广告就知道了。

①卡梅伦。把英国猪肉放在叉子上。许多人大概对英剧《黑镜》中首相与猪交媾的情节记忆犹新。后来人们发现，这种极端的政治讽刺艺术居然有可能是真的：一位与卡梅伦政见不合的保守党成员，写了一本关于这位首相的传记，爆出了卡梅伦年轻时候的"黑历史"——他在牛津上学的时候居然真的和一头死猪发生了些"不可描述"的事情。无论这件事情是不是真的，恐怕卡梅伦和猪的梗都

要被玩上好多年。在这个被恶搞的英国农场广告里，卡梅伦一脸陶醉，旁边是广告语：把英国猪肉放在叉子上。

②反人类牌。是什么在 2015 年杀死了最多的无辜儿童？答案是名为"反人类牌"的桌游广告。在这个恶搞广告中，德高广告位出现了几张反人类牌，黑色的卡片提出一个问题："是什么在 2015 年杀死了最多的无辜儿童？"白色卡片上有三个选项："不干净的饮用水""叙利亚难民""世界领导人投下的炸弹"。哪一个才是最棒的答案？看看广告牌前走过的一个戴着头巾的穆斯林妇女就知道了。这个创意就是要把政治正确扔到一边，发泄对穆斯林移民的不满。

③英国人民再也不能和这些 ×× 为伍了。近年来英国民众一直对政府削减福利、外来移民涌入造成的就业岗位减少而不满。在这张恶搞广告海报中，"英国人民再也不能……"后面有一个醒目的单词，乍一看是"Cuts"，意思是英国人民再也无法忍受福利和劳动岗位削减了。但单词被撕掉的一个字母却引发了联想，"Cunts"则是一句脏话，意思是英国人民再也不能和这些 ×× 为伍了，至于这骂的是政府还是外来移民，就见仁见智了。

④竞争对手和猪之间不得不说的那些事。在这个模仿 MasterCard 的广告中，依次列出了不少产品的价格，如夹克 30 英镑、衬衫 15 英镑。而最后一项又让卡梅伦"中"了无数"枪"——"得知竞争对手和猪之间的肮脏丑闻值多少钱"？答案是"无价"。

⑤英国独立党。剑指唐宁街 10 号，英国独立党是英国的极右翼政党，坚持民族保守主义，一向主张英国退出欧盟。在这则广告中，只有首相官邸唐宁街 10 号的大门，而这也揭示出他们想要获取政权的野心。

⑥"碎裂时间到"。这则薯片广告赤裸裸地揭示出英国的分裂：英国版图形状的薯片正在碎裂，英格兰和苏格兰已经分开，北

爱尔兰也不知去向。广告语"大嚼时间到"也能被理解成"碎裂时间到"。

由此可见，自 2013 年初，英国首相卡梅伦首次提出脱欧公投这个说法，英国想离开欧盟的心就一直蠢蠢欲动。

（3）在事件爆发前人们往往假装黑天鹅不存在

人类的本性不习惯黑天鹅现象，哪怕是黑天鹅事件即将爆发，我们也往往假装黑天鹅现象是不存在的。

2016 年的 A 股市场，元旦后首个交易日熔断机制华丽登场，可惜市场用脚投票，4 天内熔断了 4 次，蒸发了 6 万亿元市值，股民人均亏损 16 万元。熔断机制就像是给市场加了一把雨伞。虽然不能因为第一天打伞就碰上了大雨，就说雨是被伞引过来的。但反过来，也不能因为有了雨伞，就认为不会再下雨了。

有分析师认为，当时国内的情况是：首先是离岸人民币持续暴跌，其次是对中国经济增长的担忧，以及大股东减持、限售股解禁等造成的资金面压力。在这种情况下，即便没有熔断机制，A 股暴跌的概率依然存在。一些私募在早些时间就已经嗅到了风险的味道，逃命为上。而多数股民却在感叹，原本早已做好了逃跑的准备，却因为对熔点机制抱有一点点幻想，连逃命的机会都失去了。这难道不是对黑天鹅赤裸裸的无视吗？

黑天鹅，有时就像真理掌握在少数人手里一样，它往往会招致反对或不被接受，然后成为共识。

（4）黑天鹅也可被称为有预谋的绝对发生事件

2014 年 3 月 8 日，载有 239 人的马航 MH370 航班在从马来西亚吉隆坡飞往中国北京的途中失联，MH370 的机长扎哈里已被锁定为最大"嫌疑人"。

在失联事件发生前，扎哈里在他个人的 Facebook 上贴过他为反对党大选帮忙的照片，这并非秘密。在失联事件发生前，纳西尔以及扎哈里的不少同学、友人就已得知扎哈里在 2013 年加入了反对党人民公正党（People's Justice Party）。而在扎哈里痛苦地跟一名有夫之妇关系破裂后，他向自己的妻子发了一条有关"私事"的短信。这一切发生在马航失联前两天。机长扎哈里与妻子 Pardi 虽然同住在一个屋檐下，但他们早已感情破裂。

机长扎哈里曾"秀"过自家搭建的电脑模拟平台，可以看到三个用于展示视景的大屏幕、三块分别模拟驾驶舱前、中央、上操控面板的触控屏和整套飞行模拟设备。这不禁令人生疑——这是真的太热爱飞行，还是要在家里练习一些不便在公司专业模拟器上操作的特殊科目？ 2016 年 8 月，马来西亚官方首次承认，马来西亚航空公司 MH370 航班的机长扎哈里·艾哈迈德·沙阿曾在自己家中模拟飞行过与这架客机疑似坠入南印度洋相似的路线。

如图 10-1 所示，这是机长平时的演练路线与专家推测的现实路线对比。斜线为机长的练习路线，直线是此前推测的 MH370 失联后的飞行路线。方块是搜索客机残骸的区域。

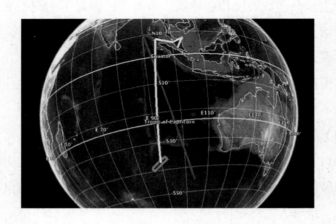

图 10-1　马航 MH370 失联后的飞行路线预测

马航 MH370 客机或许是一次有预谋的"独狼行动"，为了挑战人类的智慧和搜救能力。而随着 MH370 更多残骸被发现，证据链更趋完整，最终真相将渐出水面。

（四）应对黑天鹅事件可以使用小数据

我们知道小概率事件在一次试验当中几乎是不可能发生的，因此人们会用两种不同的态度对待小概率事件：一种是对待小概率事件不闻不问，另一种则是更愿意承认它的发生。那么哪种方式是面对小概率事件的正确处理方式呢？我的看法是：应对小概率事件可以使用小数据。

（1）要关注一些有明确定义的不确定性现象

小概率事件并不是不可能发生的事件。至于小概率事件是否可以忽略，这就要看具体的情况了。比如，任何小概率事件对于航运来说都可能是致命的，所以这种情况下小概率事件绝不能忽略。再如，有些彩民买彩票只盼着中头奖，我认为这是可以忽略的一种小概率事件。我们要关注一些特定的黑天鹅现象，找出有明确定义的小数据，而不是去关注那些我们根本不会想到的或者我们根本驾驭不了的事情。

（2）远离大数据，避免"过滤性错误"

投资人曾星智曾提出：现实世界是一个推崇预测，被统计、归纳和经验所统治的世界。一个被确定性统治的世界，是因为人们认为那才是权威和真理。因此，只要我们陷入其中就容易掉入"黑天鹅"的陷阱。因此要想做一个真正完全地接受未来充满了不确定性、市场不可预测的人，就必须远离大数据、远离经验，而且拒绝与持有确定性和可预测观点的人交流，拒绝那些依然被统计法和归纳法统治的头脑，以避免犯"过滤性错误"。

（3）所有的因果关系都是伪装的，必须用小数据重新检验

真理不是一成不变的。就像"两条直线，不平行，就相交"这个看似无懈可击的真理，只存在于立体几何出现之前。有时候，科学家经常提出的、历史学家断定的因果关系，也并非就是真理。人类是一个喜欢寻找原因的动物，习惯于认为一切事情都有确定的原因，并且把最明显的那一个当作最终解释。但实际上可能只是我们为了把两件事联系起来而强加的逻辑，我们必须接受我们熟悉的"原因"的模糊性，不管这让我们曾经感到它是多么可靠。所以请对"因果"时刻保持"怀疑"的态度，并小心对待它，坚持用小数据去不断检验它，直到没有任何小概率事件发生。

（4）每一次黑天鹅事件，都是一次小数据的积累

在股市中经常听到有人这样安慰我们："黑天鹅的意外事件是灾难，但也是一次千载难逢的好机会。"其实对于喜欢数据分析的我们，黑天鹅的出现，也让我们采集到了一种全新的数据，并且使我们对自己的经验模型有了重新的认识。而随着越来越多的黑天鹅出现，我们所积累的数据也将成为一种新的经验，帮助我们识别大数据陷阱，从而提升数据应用水平，以应对未来管理失控等问题。

二、小数据与灰犀牛

（一）灰犀牛：一个更可怕的大概率危机

"黑天鹅"代表着不可预测的重大稀有事件，但比黑天鹅更危险的，是"灰犀牛"。

"灰犀牛理论"由米歇尔·渥克（Michele Wucker）提出，指的是在一系列警示信号和迹象之后出现的大概率事件。该理论认为，

灰犀牛事件之所以会产生巨大的破坏性，源自人们面对"灰犀牛"时五个阶段的反应。

第一阶段是本能的否定；第二阶段是得过且过；第三阶段是尝试去回应；第四阶段是惊恐；第五阶段是崩溃。

就好像灰犀牛体形笨重、反应迟缓，你能看见它在远处，却毫不在意，一旦它向你狂奔而来，定会让你猝不及防，直接被它扑倒在地。它并不特别神秘，却更危险。

"灰犀牛理论"描述的是决策者当前所面临的困境：即使拥有海量信息，仍然有很大可能做出错误的决策，甚至海量信息本身会给决策带来更多的不确定性。

世界所面临的巨大困难中有很多都是灰犀牛性质的问题。不可持续的国家债务，经济增长乏力，劳动力市场的巨大变革，诸如此类，极大地增加了相关国家遭受新一轮经济危机的可能性。日益加剧的收入分配不平等问题将会进一步导致社会和政治动荡不安、零星的骚乱、政权的更迭和经济发展的停滞。

而在具体生活中，这样的例子数不胜数。比如，人们明知道吸烟有害健康，但还是会去抽烟；人们都知道醉酒驾车危险，但还是有人会去侥幸冒险。再如，当下我们都知道人工智能将会对我们的社会产生重大挑战，可是大多数人基本都没把这当回事，或一直认为挑战还有很久才会到来。切换到一个更大的视角，雾霾、气候变暖、饮用水短缺等都是与我们每个人息息相关的灰犀牛事件，它们早已出现趋势，然而整个社会却依然会选择逃避心态、心存侥幸。

当人们看到"灰犀牛"远远奔过来的时候，并不能判断它是否会中途改变方向，以及它究竟会给自己带来多大的伤害。

为什么会出现这种情况呢？

第一，以西蒙为代表的决策理论学派认为，由于人类生理和心理固有的局限所造成的有限理性，非常容易造成选择性注意和价值偏见，反过来又限制注意广度和知识信息的获得。这就是我们经常说的：人们往往接受"愿意接受的信息"。人们这种认识缺陷是天然存在的，就算再有海量的数据，人们往往还是"自动"接受那些"愿意接受的数据"。

第二，大数据分析的前提，是我们认为足够的海量数据能够高度拟合事实本身，并且这种拟合能对事物运行趋势作出准确的判断。但其实很多难以量化和评估的因素，如"创新""公众情绪"往往能极大地影响发展趋势。这在很大程度上削弱了大数据的预测准确性。

第三，对决策者而言，做出决策时的稀有资源不是信息，而是处理信息的能力，数据噪声反而加大信息处理的难度。美国耗费巨资采取大规模监控，但收效甚微。如同斯诺登在接受采访时所说："大规模监控的问题在于，我们在向不理解的情报内容中添加了更多的内容，如美国公民日常生活的信息。这加剧了我们的信息处理难度。"

（二）灰犀牛不需要预测

与黑天鹅的小概率事件相反，我认为灰犀牛现象并不需要预测，因为它清晰地摆在那里，并且众多危机都有明显的先兆，只不过这些先兆都没有引起人们足够的重视。例如，2008 年美国房地产泡沫集中爆发以及在此之前的诸多泡沫破裂；飓风卡特里娜和桑迪以及其他自然灾害后的毁灭性余波；颠覆了传统媒体的现实数码技术；大桥坍塌和摇摇欲坠的城市基础设施；苏联的迅速衰败和中东地区的混乱，在事前均出现过明显的迹象。

同时，错误的思想动机和对个人利益的误判会极大地助长我们抗拒行动的自然天性。例如，米歇尔·渥克（Michele Wucker）列举的几个例子：银行家明明已经了解次贷危机的风险，却仍然不肯从充满风险的投资中收手；地方官员明明知道桥梁的状况已经非常糟糕，但却一再推迟维修时间；工头明明知道厂房的墙面上出现了巨大的裂缝，但仍然一如既往地专注于手上的生意，直到整个厂房彻底坍塌；监管和执行层面的人明明知道出纳、会计等的行为可疑，但仍然拒绝接受各种警报的提示；工程师明明知道一个劣质粗糙的价值 57 美分的燃火器是多么的危险，但仍然不去更换；由于企业的 CEO（首席执行官）对于颠覆性新技术的出现没有做出任何有效应对，在行业中本来处于领先地位的企业被新的技术和公司取代后，只能在市场中勉强挣扎维持；企业或者国家的元老，明明知道自己时日无多，是时候该让青年一代接手了，但却宁愿将企业或国家引向毁灭，也不愿意放开手中的权力。

现实生活中，前段时间看到某企业管理人员 A 君跳槽到了深圳一家企业，联系后得知，他是因为家庭经济原因，需要更高收入，不得不到另外一个城市。深入了解后才知道，是他的太太罹患了乳腺恶性肿瘤，需要持续治疗康复，没有办法工作，A 君需要承担更重的经济压力。A 君感悟道，其实以前有几次机会为家人投保重疾保险，而且有同事罹患乳腺癌、肺癌的，但还是觉得患重疾的概率很低，也不至于发生在自己和家人的身上，毕竟才千分之几的概率，所以没有着急买。当时认为只有意外险才能够起到很好的保险作用，所以只投保了高额的意外险而忽略了重大疾病保险，现在真是后悔。

A 君面临的就是典型的"灰犀牛"事件，重大疾病已经是大概率事件，且很多人已经有了这种认识，只是抱有侥幸心理、拖延的习惯而一直回避、拒绝承认，然后就可能变成了无法挽回的结果。

（三）大数据是灰犀牛的罪魁祸首

决策，是管理的中心，决策者在进行决策时必须拥有很多信息。

基于这一前提，很多人认为大数据将大大提高决策的效率和效果。大数据"所见即所得"的巨大优势将推动决策简单化，甚至自动化。然而事实很可能恰恰相反，大数据带给决策者的是空前的挑战。大数据本身并不能带来好的决策，如果使用不当反而会带来更大的决策危机，并成为导致灰犀牛现象的罪魁祸首。

根据公开媒体的报道，"9·11"事发前美国情报部门就已获取了足够必要的信息，中情局甚至掌握了恐怖分子的通话记录和个人信息。但在海量的机密信息中，决策者没能理解其中的关联，尤其无法对嫌疑犯的行动做出判断，从而无法做出正确的决策。

而在信息时代，市场是变化无常并且不可预期的，决策者的创造性思维也并不能通过大数据得以体现，相反，大数据在压制创新。

最显而易见的例子，就是手机厂商摩托罗拉和诺基亚。在 21 世纪初，摩托罗拉 V3 系列手机大获成功，号称销售达 1 亿部，一度傲视群雄。摩托罗拉从大量的数据和反馈中得到了利好消息，认为只需在 V3 机型上下功夫。但是千篇一律、缺乏变化的东西只会让消费者厌倦。诺基亚在 2007~2010 年的业绩可谓是如日中天，塞班系统可以说是一统天下，无论数据上还是场面上，都大占上风。但问题是，一般消费者其实对自己的需求也不太清楚，只有当真的产品出来时，他们才会发出惊讶的赞叹，转头就把旧产品扔在一边。不久之后，塞班就被 iOS（苹果公司开发的移动操作系统）和安卓这些"新势力"攻城略地，打得溃不成军。如今，摩托罗拉和诺基亚已经分别被谷歌和微软收购。

（四）尝试用小数据去挑战灰犀牛

躲避灰犀牛的侵扰，方法有很多种：可以是直面危机，化危机为机遇，也可以是避免损失，或者至少是减少损失。适时的预防可以使局面发生戏剧性的转变，它可以使危机不再继续恶化。很多时候，损失已经无可挽回，事情也无法回到初始状态。但是，如果我们能把损失控制到最小，也不失为一种进步。

灰犀牛理论提出，决策者应该关注以下几方面。

第一，采取"游猎攻略"，关注大数据所带来的新的思考维度，尤其是海量数据所揭示出的规律性的例外情况。根据德鲁克的决策五要素模型（问题的性质、边界条件、正确方案、执行措施和评估反馈），大数据最有作为的就是在问题的性质界定上。通过大数据，可以及时发现公司运营中被忽略和遗漏的信息。当这些信息呈现出规律性时，即使这些信息不是那么紧急，决策者也需要开始行动，做好迎接的准备。此外，采取必要的对冲机制也是一种可行的方案。

第二，在大数据时代，系统思考能力的重要性更加凸显。在数据的汪洋大海中，如果没有足够的系统思考能力，决策者将陷入细节，根本无法找到正确方向。对于各级决策者，要尽量以更宏观的视野和更系统的思考，准确界定问题，明确决策的影响边界，要避免由于数据而带来的应激性管理冲动。

第三，数据从来就不是万能的，决策者需要的是深入实际。詹姆斯·斯科特（James C.Scott）在《国家的视角》（*Seeing Like a State*）一书中描述了数据崇拜带来的恶果：依靠地图重建社区，却完全不知道其中民众的生活状态；依靠农收数据决定采取集体农庄，却完全不懂农业生产的规律；依靠图纸数据天马行空地进行规划，过度强调整齐划一，忽视多样性和地方传统。与查看各种报表和曲线图而做决策相比，决策者到基层倾听客户的抱怨，体验员工的辛劳，感受市场的多元化，会更有助于做出好的决策。

就我个人而言，我更倾向利用小数据去挑战灰犀牛。

首先，面对来势汹汹的灰犀牛，小数据可以在海量数据中发现企业运营中被忽略和遗漏的信息后，捕捉到与企业休戚相关的"小细节"但"大到难以忽视"的信息，并迅速对其做出反应。例如，如果恐怖分子只学开飞机，不学降落这个小细节被关注，美国反恐历史可能要重写。还有一个例子可以说明小细节的大功效。依据大数据，旧金山地区卫生部门发现同性恋人群肝病发病率上升预计艾滋病例也会上升，但对这两种疾病流行正相关的预测失败。深入调查发现，同性恋对艾滋病越来越持平常心。他们利用社交网络，主动张贴自己的情况，避免交叉感染。这次，关于行为和动机的小数据又解释了大数据看不到的规律。换句话说，小数据所捕捉到的小细节是需要通过深刻的感知和学习而形成的对个体内部动作机理的描述，这样见微知著的小细节揭示出了大数据无法展现的个体思维和个性，因此能够解决很多大问题。

其次，小数据会驱动我们对有利可图的事情开展行动，不会单纯为了避免问题的发生而采取行动。我们可以认识到危机问题的独特之处，并且把它们作为机遇来面对，重大危机发生之前的种种端倪其实都是一次次绝佳的机遇，这样才能做到不仅能躲避灾难的袭击，而且能从中获益。例如，2007 年金融危机即将发生的时候，一些华尔街内部人士通过寻找有政府背景的企业高管进行危机应对交流，通过他们的言谈举止判断危机发生后政府是否会出手救助，他们非常清楚这些企业高管的所作所为会导致风险累积，进而爆发危机。因此他们在危机到来前尽量抛售个人持仓，通过选择做空实现了从金融危机中赚钱。

最后，小数据可以帮助你记住最重要的事情，时刻提醒你灰犀牛就在眼前。有人打了一个比方，他说今天我们是处在一个信息过剩的时代，以前要获取信息非常困难，而今天打开手机到处都是信息，但是大部分的信息只影响你的皮肤，没有深入你的身体里。看上去你获取了很多的信息，其实你没有把这些信息真正消化掉，这就相当于你在灰犀牛面前却丝毫不会察觉到异状。而小数据的本质是深化，它能让你看到它最核心的东西，并时刻提醒你危机的存在。就像我们有时会在一个笔记本上记录下我们听不懂的重点和难点问题，回过头来还要仔细复习一样；或者像一个床头的小闹钟，时刻提醒我们每天都要利用好清晨，为一天的工作做好预习，最大限度应对我们已经知道并在未来可能出现的大概率危机。

三、小数据与独角兽

（一）独角兽：一个颠覆传统的企业神话

"独角兽"企业是投资界中一个非常火的概念，这一概念最早在 2013 年由美国著名风险投资公司 Cowboy Venture 投资人艾莉·李（Aileen Lee）提出，专指那些估值达到 10 亿美元以上的初创企业。之后这个词迅速流行于硅谷，并且出现在《财富》杂志的封面上，随后流行到全世界。

"独角兽"企业除了估值必须超过 10 亿美元这个最为直观的入门级标准外，其实还有其他的衡量标准。首先，独角兽企业带来的产品在最初出现的时候，人们都觉得难以置信，但当人们习惯这种方式后，会觉得习以为常，不可或缺。例如，阿里巴巴刚刚创立的时候，大多数国人认为是天方夜谭，没有见卖家的面，没有亲眼看到实物，怎么可能去付钱购买商品。如今，淘宝购物成为许多购物者最为常见的购买渠道，甚至消费占支出比例最大。其次，它们都改变了人们的工作方式和生活方式。因为"独角兽"企业都是创新企业，它们不会让消费者去做不同的事情，而是让消费者成为不同的人。最后，"独角兽"企业会产生巨大的经济影响。它们甚至最后都会超出"独角兽"企业的创立者可以想象的极限。

在世界范围内，你可以举出一系列垄断性"独角兽"的例子：Facebook 是压倒性优势的社交工具，它让人们变得更容易更主动地连接在一起了；LinkedIn（领英）是压倒性优势的职业社交平台，它让专业人脉和洞见更自由地组合和流动；Uber（在世界上绝大部分它已经进入的市场）是支配性地位的交通出行工具，它让更多的人成为自由的司机，让更多人成了可以随时搭车的乘客，进而提升了公路上的效率；Airbnb（爱彼迎）几乎在全球范围内找不到与之相近的对手，它为文化、旅行与人际间的信任赋予了新的内涵；Pinterest 是独一无二的图片分享空间，它是这个世界上大多数美学唯"物"主义者和收藏癖的精神家园；Instagram 是当前首屈一指的影像社交网络，它是人们用视觉探索、享受这个世界并与它互动的最重要平台……而且，这些公司都非常值钱，10 亿美元是它们市面价值的底限。

"独角兽"企业一般引领着产业变革的方向，能带来全球产业的颠覆。在新经济时代，随着各类创新资源的加速流动，逐渐形成了能使"独角兽"企业不断涌现的社会土壤，使企业能够在短时间内抓住机会，整合资源，爆发式成长为"独角兽"。当前，"独角兽"企业在某种程度上已成为彰显一个国家创新能力的评价指标，是全球各路资本竞相关注的热点和焦点所在。

"创业企业有很多，但我想成为'独角兽'企业。"这或许是每一个企业创立者的梦想。

（二）"独角兽"是如何修炼而成的

在全民创业的时代背景下，创业者想要自己的企业有机会成为

"独角兽"，是一件非常困难的事情。成为"独角兽"的企业往往需要艰苦的早期摸索与挣扎，不过，一旦它们被资本市场关注并扶持，或在市场上的优势地位已经被足够多的用户认知以后，"独角兽"的地位就几乎奠定了。但是独角兽是怎么修炼的呢？它不是一下子就出来的，而是在每件事上通过运用小数据思维，一点一滴做出来、成长起来的。

（1）初创期

企业初创期泛指从企业刚刚创立开始，一直到获得天使轮融资的阶段，往往都有资金短缺、人才匮乏（通常只有创始人及为数不多的核心员工）、业务开拓吃力、企业文化及各项制度需要健全等问题需要解决。要想在这样的环境中脱颖而出，创业者需要利用小数据思维做好以下几点。

第一，必须先要找到一个适合创业的领域。瓜子二手车董事长杨浩涌在创业方向选择上，给出了四个小数据特征：一是所选择的行业足够大，是一个增量市场；二是行业处在拐点期，需要一些新的模式来颠覆；三是新需求出现并且大爆发；四是竞争者一开始不存在或被早早抛在身后。

第二，要不断地找小伙伴同行。深圳市奔跑科技有限公司创始人、前华为高管任宝刚认为合伙人必须具备一个关键的特征，就是一定要找有创业思维的人作为合作伙伴，而不会考虑工资多少、风险大小等问题。因为创业和打工完全是两种截然不同的思维，如果在找合作伙伴的时候，还没有完成从打工思维转变成创业思维，那么此人基本就只能作为员工而不是合作伙伴来加入。

第三，选择做对用户有价值的事情。这个价值是指解决实实在在的需求，而不是凭空造出的伪需求。商业的本质其实就是为人民服务，你只有服务好人民，人民才会为你服务，愿意拿出钱购买你的服务或产品。无论是什么物品，哪怕小至一瓶水都是在为人民服务的。一瓶水，虽然只是一个小数据个体，但它解决的是人们口渴的问题，所以人们才会掏钱去买它。

第四，寻找最好的时机。每个人都希望找准时机，但好时机是不会举着牌子告诉大家它来了的。如果猪都看到风口来了飞上了天，这个时候你再冲进去肯定是晚了。真正能抓住机会的，一定是那些能够看到小数据的少数人，明明现在是晴天，却考虑到明天刮风，后天下雨怎么办的人。

（2）成长期

创业公司的成长期一般特指 A 轮和 B 轮融资的阶段，此时企业产品逐渐成熟，已经开始在市场中推广验证了一段时间并试图将业务进行复制增长的阶段。这个阶段和人的青春期非常相似，它充满了波折、叛逆、冲突，大多创业者都认为这是压力最大的时期。那么如何运用小数据思维应对成长期的烦恼呢？

第一，不要一个人战斗。在企业初创时期，由于人数较少，往往是一人身兼多职。很多创业者习惯自己扛全部责任，总觉得没人能分担自己的压力，这是一种大而杂的管理方式。但是一个成功的企业，它的组织结构是非常清晰的。正所谓"麻雀虽小，五脏俱全"。一个企业到了成长期，应该配有相应管理职能的部门，将每个人放在其最有优势的岗位上。这时企业的创业者就应将权限分配到每个岗位，发挥个体的作用，以提高企业整体的工作效率，同时也可避免因部门职责不清造成的低效率和高成本。

第二，让管理规章制度化。企业是人的集合，是为了实现搞好企业生产经营活动这个目标而集合的，这个事实本身就制约着人们要按目标需要行动。这时企业管理者就需要运用小数据思维，明确每一项工作的职责要点、操作流程、管理规范、权利义务等，建立一整套完整的规章制度，让每个个体都能在约束的环境中充分享受到自由，维护自身应有的权益。这既是为了保障公司与个人的共同利益，也有助于企业行为和企业员工行为的统一化。

第三，要坚持信仰。创业需要时间，但创业者肯定会有一个因为发展慢而沮丧，或因为疲劳而想放弃的阶段。此时创业者应该提醒自己，创业刚开始总有什么是你坚信的，你坚信你能带来价值，改变行业，提升效率等，这是你创业的核心价值，也是你心中牢记的小数据。创业者无论什么情况，都要不断地坚持自己的信仰和初衷，让企业不断发展。

第四，制定一张实际可行的时间表。在创业初期，多任务同时进行似乎已经成为一种很普遍的事情。但是到了企业成长期，创业者要摒弃这种做法，应该将每一项工作的时间计划进行合理安排，并将这些任务完成时点的小数据牢记于心。如果你没有将为实现目标而采取的步骤，以及期望实现目标的时间落实到笔头上，那么按照计划行事将会变得困难。并且，这句话的重点在于"实际可行"，创业者要经常回头看看你的时间表，关注你每一项工作完成的进度数据，并根据需要随时对时间表进行更新。

（3）扩张期

企业扩张期一般指企业市场份额逐步提升，不少风险投资基金也蠢蠢欲动，如果创始人在前期就有资本战略的考虑，那么此时，企业已进行了几轮融资的阶段。此时企业内各个领域都已建立系统化、规范化现代企业制度、战略目标明确、组织架构合理、工作流程清晰、分工职责明了，同时，信息化运用广泛、效果显著。但市场中也充满着与企业同类型并颇有实力的竞争者，很多创业者在这个阶段可能会"大意失荆州"。因此在这个阶段，核心是管理，创业者应通过小数据思维设计出科学的企业管理机制，让每一个板块都有领军人物并且以创业心态投入工作。

第一，建立完善的激励约束机制。公司规模扩大往往带来其股权的分散化，资本所有者与经营者相分离，所有者不直接参与日常的经营管理工作，因此必须建立一套完整的激励约束机制。一是建立科学的薪酬体系，利用小数据指标去考核与激励，明确包括报酬构成、数量以及与何种业绩指标挂钩等 KPI（关键绩效指标）数据，有效激励经营者。二是为员工提供有效的晋升机会通道。晋升机会的减少可能造成员工激励不足、流动性增加等现象，企业可以通过小数据指标为每个员工进行职业生涯点的规划，提供有竞争力的薪酬和系统的培训计划，完善考评和晋升机制，提供管理、技术等多渠道发展途径等方式，来实现员工个人发展的需要。

第二，确保产品创新与迭代在可控范围。企业在继续挖掘和深入开发现有产品的同时，也会适度地加大产品创新力度、扩大产品组合，确保产品市场份额的稳定增加。但并不意味着企业已经做成了一个产品，再做成一个产品是顺理成章的事。因为对于绝大多数人和绝大多数企业来讲，他们都只会串行不会并行，都只擅长做完一件事再做另一件事，无法同时并行两件事。这时管理者就要用小数据来判断，如果做一件事难度是 A，并行做两件事的难度不是 A×2 的话，我们就要评估是 A×3 还是 A×4，确保在我们力所能及的范围。如果对产品创新认识不足，我们就会看到很多"一代拳王"式的企业，在一个产品上成功了然后失败在多元化上。

第三，不要盲目扩张渠道。企业在扩张期往往面临着巨大的任务压力，渠道扩张必不可少。但在企业准备扩张新渠道时，首先一定要看渠道所在市场是不是自己的核心市场，并且核心市场建设得如何。这里需要用小数据去调研市场，渠道所在市场的总体容量有多少？客户总量有多少？预估转化率如何？是否能作为自己的根据地？如果企业自身根本没有几个根据地市场，暂时先不要去想快速扩张渠道。没有形成根据地的企业，说明自己业务团队的力量还不足。即便有外部渠道支撑，仍然难以燃烧起旺季之火。

（4）成熟期

企业成熟期是指企业已经进入了最后冲刺的阶段。正常情况下，该阶段企业应已完成了整体建设，并即将成为市场中的"独角兽"。此时企业应利用精确的小数据对比与分析，研判自己与竞争对手的真实差距，做出最后的决策。

第一，继续保持并巩固自身优势。成熟期的企业必须继续保持和巩固既有核心业务的竞争优势，对现有生产能力不断进行挖掘。此时企业应通过与竞争对手的关键数据进行对比，考虑采用资本策略去兼并市场中的中小企业，以吸收存量业务去挤压对手；或是从内部管理中要效益，以利用成本策略与价格策略去挑战对手；从而巩固企业自身优势，抢占先机，继续保持龙头地位。

第二，始终保持企业的活力。在企业业绩较好、市场环境也非常有利的环境下，企业也一定要进行持续的变革，树立"变才是唯一不变"的思想，并要始终传达这样的理念给全体员工：一旦懈怠下来，可能就会落后。这时，企业也可利用每日小数据的公布，让每个员工都清楚地知道企业与市场的状况，保持对市场的敏感性，把这样的变化作为变革的动力，使企业保持活力。

第三，尽量避免犯错误。往往在关键时刻，一个英明的决策可以让濒于破产的企业起死回生，而一个错误的决策则会把企业推向万丈深渊。在这段时期里，企业领导者必须要善于研究和分析问题，抓住事物的本质，抓住小数据的特征，严控风险，防微杜渐，重视企业存在的每一个问题，并在错误面前做出正确的决策。

第四，永远不要停下学习的脚步。企业作为一个系统，其面临的环境是不断变化的。在这样复杂多变的形势下，企业要想生存和发展，就要不断地创新，以变应变。而应变能力的强弱来源于不断地学习，来源于知识的日积月累。因此，企业必须勤学苦练，不断补充包括人、组织、决策、沟通、技术等小数据知识，时刻保持企业的认知水平走在行业的前列。

（三）寻找"独角兽"也需要小数据思维

对于风险投资而言，最重要的就是要发现"独角兽"、投中"独角兽"，而且要确保每一期基金里面能投中一到两个"独角兽"才能较好地生存下去。投中一个"独角兽"基本上可以把基金赚回来，投中两个"独角兽"，可能基金有几倍的回报。如果投中三个以上的"独角兽"，这个基金回报会在这个行业里面变成 TOP（头部）的情况。那么要想投中"独角兽"，首先要考虑的便是如何寻找"独角兽"。

梅花天使吴世春在谈到如何发现"独角兽"时，他的观点是依靠小数据，先选人。一个企业的价值，90% 以上在团队身上，一个团队的价值 80% 以上在创始人身上。发现"独角兽"，并不是先发现好的项目，而是说先发现好的创始团队或者发现好的 CEO。投 A 轮时可以看产品，投 B 轮时可以看数据，投 C 轮时可以看所谓的成长曲线或者财务模型，但是投天使轮时，并没有更多可参考的依据，只能看人，看这个创业者的成长潜力。

蝙蝠资本创始合伙人屈田将比较成功的创始团队归为三个小数据特征：一是他们大部分之前创业过，即使没有创业，他们在大学阶段也做过各种各样的小生意，都非常有生意头脑，而且有这方面的创业经验；二是这些人都曾在 BAT（百度、腾讯、阿里巴巴）或者其他的大型的，或者百亿美元的互联网公司，担任过中层的职务，带过团队，打过硬仗，从零做起一项业务，而且在市场竞争的情况下取得过不错的业绩；三是这些团队不是一个人，是大概三四个人，三四个人也不是临时拼凑的团队，他们之前合作过很长时间，无论是共同创业，还是在大公司作为同事相互了解，有共同的理想，比较有默契。如果具备以上三个小数据特征，即便有时候投资人在赛道上不是完全看得很清楚，他们往往也愿意投资这样的团队。

除了"人"这个特征外，其实无论是天使轮，还是 A 轮、B 轮乃至其他轮次的投资，一个企业是否值得被投资，在投资人的逻辑中永远包含以下几个特征，是需要投资人进行评估的。

这些小数据特征包括：明确的市场定位、完整的市场计划、清晰且详细的竞争对手分析、积极的销售策略、可以理解的专有技术、清晰的商业计划和执行摘要、高成长的企业潜力、附带假设条件的财务预测、合理的利益分配方式、实现正现金流的周期、糟糕情况下的财务缓冲、3~5 年的退出机制、投资保护机制、投资额幅度、资金使用计划、后续融资计划、合理公平的估值方法、管理层的薪酬等。

四、小数据与长尾分布

（一）长尾分布：一个决定企业生存的二八原理

近几年来，随着互联网科技的日益完善，一个新的名词逐渐被大家熟识，就是"长尾"（The Long Tail），也称为"长尾分布理论"。这个词最初由美国《连线》的总编辑克里斯·安德森（Chris Anderson）于 2004 年提出来，这个词可以通俗地解释为：只要存储和流通的渠道足够大，需求不旺或销量不佳的产品共同占据市场的份额甚至可以和那些数量不多的热卖品所占据的市场份额相匹敌或更大。长尾理论认为，由于成本和效率的因素，过去人们只会关注重要的人或事，如果用需求曲线来描述，受精力与成本等客观因素的限制，人们通常只会关注曲线的"头部"，而选择忽略曲线的"尾部"。长尾即是指需求曲线长长的尾部（如图 10-2 所示），一般也代表了相对冷门或小众的产品。

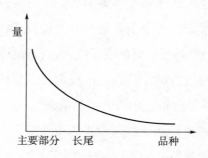

图 10-2　长尾分布图

传统的经济思维告诉我们 20% 的产品带来 80% 的收益，我们需要关注的是需求曲线的头部而非尾部，需要关注少数关键利润创造者的需求而非大多数创造少数利润者的需求。如果一家早餐店 70%的早餐都被几家固定公司订购，那么这家店将关注这几家公司的早餐口味建议和要求，对其他来店里买早餐的散客的口味需求则不会太在意。但是在如今这个发达的网络时代，若只依靠大数据来锁定主流市场，这些长长的尾巴可能会给我们致命一击。

（二）亚马逊是如何成功的？

目前，借助长尾效应，已有众多企业获得了丰厚的利润。如著名的 Google 公司的主要利润并不是来自大型企业的广告，而是小公司的广告；电商 e-Bay（易贝）的获利主要也来自长尾商品；亚马逊网络书店的书籍销售额中，有 25% 是依靠排名 10 万以后的"冷门"书籍。

在亚马逊创始之初，创始人贝索斯敏锐地意识到电子商务将改变图书市场经济的特征，因为图书的种类和数量不再受到地域的限制，各地分散的特殊种类图书的需求者可以合在一起形成规模经济，从而可以为居住在小镇且具有特殊偏好，很难找到自己需要的图书的读者提供他们所需要的书籍，形成典型的长尾市场。这不仅有利于读者，也有利于作者和出版商。凭借电子商务一键式服务的便捷方式，节省了大量的搜寻成本和中间环节的流通成本，那些以往未能浮出水面的长尾产品一下子多起来，所以，从早期开始，亚马逊的图书种类就超过了任何一家实体书店，一举成为全球最大的网上书店。

长尾的生命力，以互联网为基础，通过网络实现实时互动交易，在第一时间满足消费者的需求并对其不断变化的需求进行反馈。使广告的成本大大降低，其传播形式的改变也同时促使了大量产品的销售。

根据统计学术语，长尾曲线中的"头"是指正态曲线中间的突起部分；"尾"指两边相对平缓的部分。从需求的角度来看，大多数的需求会集中在头部，而分布在尾部的需求是个性化、零散和小量的。这样，在需求曲线上的一条长长的"尾巴"就由这部分差异化的、少量的需求形成了。当这样个性化、零散和小量的市场相加起来时，一个比主流市场还大的市场就形成了，这就是所谓的长尾效应。亚马逊为消费者提供了接近无限的选择，它几乎收集到了接近 100% 的书籍书目。为什么亚马逊能够迅速准确地找到自己的定位呢？事实上这是来自其创始人对于图书市场和读者市场的敏锐观察，贝索斯通过将这两个市场进行匹配发现了数不清的长尾需求，并且直击实体书店在解决长尾需求方面的痛点：引进小众需要的书籍的成本与成功售卖这些小众书籍获取的收益之间不匹配的风险。而亚马逊通过电商平台有效地汲取长尾需求，并且通过淡化时间效应来将这些需求对应的成本摊薄了。事实证明，亚马逊打造了一个电商平台的典范，并且逐渐扩充自己的商业版图，成功地将小数据拓展成了大数据。因此，亚马逊迅速通过利用长尾需求实现了规模效应，而规模效应恰恰是长尾理论个性化、差异化产品供给的先决条件。前面已经说过，亚马逊已经利用大数据技术获得了巨大的成功。难得的是，亚马逊没有被自己已经获得的成功冲昏头脑，而是从线上又走向了线下，在线下开设实体书店，将目光聚焦到了那些喜欢在实体书店购书看书的中老年人等群体。这样来看，亚马逊在经营上的理念和模式是：从线下跃居线上，又从线上俯瞰线下；从小数据成长为大数据，又从大数据收敛到小数据。这样的商业目光前瞻，确实足以推动亚马逊走向顶尖。

五、小数据与随机漫步

（一）随机漫步：一个不确定时代的风口

随机漫步理论又称投飞镖理论。20 世纪 60 年代中期，美国国会讨论基金立法的时候，有一天参议院议员带了一块贴满股票名字的飞镖靶走进会场，然后开始投掷飞镖，把投中的股票作为购买的资产组合。结果被他"乱镖"投中的资产组合最终的收益率情况甚至优于基金公司的相关专家所建立的资产组合，其业绩表现更加优秀。因此，这位参议员笃信并且以此证明"随机"理论的正确性。

随机漫步理论的核心就是指出市场价格是市场对随机到来的事件信息做出的反应，投资者的意志并不能主导事态的发展。不过，这一理论却受到了学术界的普遍质疑。有学者认为，"随机漫步理论是非常错误的，股市交易作为自然界的一个群体活动是有着显著规律的，头部和底部形成都有着惊人的一致规律，掌握股市规律的多少将决定你掌握财富的多少。所以说，市场不是没有规律，而是缺少发现规律的眼睛"。

随机漫步理论认为大数据技术下能够发现和确定的规律对于具体的决策问题是没有效果的，随机漫步理论更加侧重的是规律之外的波动问题。原因主要是信息不对称的干扰。市场的变动可能是有规律可循的，无论是学界还是业界都想运用各种数理统计方法以及大数据等方法进行分析，但是总体来说，研究成果仍然是滞后市场一步甚至好几步的。如果我们把目标聚焦于个体投资者，股市变动的随机性就显得更加严重。因为，投资者分析市场，信息永远是不全面的。而且在不全面的信息的基础上，信息还是一直乱序变动的。这样，不管你怎么分析，结果都不可能真正准确，市场的表现可能偶尔与你的预测一致，这只能说是你的运气与实力的绝妙综合，是可遇而不可求的。

（二）随机漫步理论选股

什么是一只好股票？简单粗暴的答案也许就是：股价越来越高的股票。

那么我们如何能够准确预测未来股价的走向呢？在这里举个例子进行说明。

给你某一只股票的实时价格数据，让你预测 1 分钟、5 分钟、10 分钟后的涨跌情况，你可以"买涨"或者"买跌"……猜对了，连本带利总计 180% 的回报，猜错了，全赔。在这种情况下，原本 50% 的"准确率"已经无法让你全身而退了。如果你希望在这种设定下，依然能够"长期"并且"稳定"地赚到钱，至少要保证有超过 70% 的预测准确率。而这几乎是不可能的事情，也就是说，基于你对这只股票的历史数据的钻研得出的决策结果可能对选择股票并没有什么实质性的帮助。

实际上，跟前面所说的是一样的，我们认为选取股票是一场技术与运气兼备的修行。这几乎是一个超出我们认知范围的问题，因为市场波动的影响因素太过复杂，且随着国情、社会事件、政治因素以及发展阶段等情况而变得越来越复杂且难以掌控。即使是一个像上帝一样明察秋毫的天才证券分析师也不能保证做出正确的决定。更为重要的是，市场是由无数个参与者构成的，而人的决策不可能永远保持在一个理性水平上，更符合实际的情况是市场上同时有很多人在犯错误，引发了市场的不规则变动。市场的变动是由无数个参与者的最终行为所决定的，而每个参与者行为决策背后的判断因素是他人无法掌握和应对的，而这些市场变动最终会影响你的损失和获利情况。

但是随机漫步理论并不等于告诉投资者：你别分析股票了，闭着眼睛掷飞镖吧。它更加接近于告诉投资者转换思维，因为世界上仍然有很多优秀的投资者因为能够更加准确地洞悉市场，选择有效的金融工具和风险对冲工具来应对市场的变动。比如，巴菲特、索罗斯这样优秀的投资家，即使是他们，也不能保证收益可以一成不变的稳定，在某一阶段他们的利润经常会大幅波动，但他们可以运用有效的投资组合、资金管理来获得相对稳定的高于他人或市场的平均收益。我们通常读很多解读这些投资大家的著作，都会被他们所铸就的经济帝国所折服，认为只有有钱人才能采取这样的方式变得更有钱，没钱的普通人根本没有这个胆识和魄力一掷千金去购买很多对冲的产品。其实巴菲特他们也是用一种小数据思维来解决这个问题：整个市场系统能不能被我所掌握？在可以掌握的信息的推动下我选择一些产品进行投资，以防万一我再购买一些反向变动的产品进行风险对冲，可能短期来看我整体的获利没有那么丰厚，但我却能够更加从容淡定地读取市场的变动然后进行调整。

对于普通的投资者来说，巴菲特的实际投资行为可能是我们无力效仿的，但是他对于市场的认识和对于自己风险容忍程度的认识是非常清晰和透彻的。在这里，我们可以将小数据思维嫁接过来，把选取股票这件事转化为选取企业，可能会让投资者的思路更加开阔和明确。这个世界一直在进步，经济也一直在发展。在这个前提下，有些企业就是可以做到和世界一起进步，尽管数量没有那么多，但是也绝对不少。所以股价最终体现的其实是企业价值的增长。而判断一个企业优质与否的最有效方式之一就是研究公司财报。一家公司的财报好比体检报告，我们可以从中读到很多东西。只要搞定了"财报"这一件事，你就可以独自踏上"寻找优质公司之路"了。就好像当你学会了如何查词典之后，从某种程度上你已经不需要英语老师了，因为你有了"独自上路"的能力。

虽然我们对随机漫步理论的优缺点的研究不是很多，但其实我们不必将其正确与否看得太重要，认识到随机漫步的存在并且理解它的作用就够了。随机漫步带给我们的最大启示是：随时提醒我们顺应市场的发展趋势并根据实际情况不断修正，克服主观臆断或盲目自信。

第十一章

大数据时代的小数据革命

一、大数据时代隐忧

（一）大数据的遗忘之道

《删除》一书曾经提出："遗忘，是人类的天性。从古至今，人们不断尝试用本能、语言、绘画、文本、媒体、介质，来记住我们的知识。千年以来，遗忘始终比记忆更简单，成本也更低。而数字时代颠覆了这一切，我们惊愕地发现，如果真的记住一切，不但令人发狂，而且让人孤独绝望……"

毫无疑问，现代技术已经从根本上改变了能够被记住的信息的内容，改变了记住信息的方式，也改变了记住信息所需要付出的代价。技术并没有迫使我们去记忆，技术只是促进了遗忘的终止。完善的数字化记忆，可能会让我们失去一项人类重要的能力——决策能力。

博尔赫斯的短篇小说《博闻强识的富内斯》体现了这一论点。由于一次骑马的事故，年轻人富内斯失去了遗忘的能力。通过惊人的阅读，他积累了大量关于经典文学作品的记忆，但却无法超越字面的意思去领会作品的内涵。一旦我们拥有了完善的记忆，我们将不能进行概括与抽象化，这会让我们一直迷失在过去的琐碎细节中。

一个真实案例，在《研究者》的报告中，一位病人简称为 AJ，她是美国加州一位 41 岁的妇女，天生就没有遗忘的能力。自她 11 岁开始，她几乎能记住每天发生的事情——她记住的不是过去一天的大致感觉，而是能够惊人地记住让她苦恼的详细细节。她清楚地记得，30 年前的一次早餐吃了什么；她能够回忆起谁在什么时候给她打了电话；她能够记得在 20 世纪 80 年代看过的电视节目每一段都演了什么。她甚至不需要努力地回忆就能想起这些。记忆对她而言很简单——她的记忆是"不可控且自动的"，就像一部"永远不会停止的"电影。

然而这带给 AJ 的并不是超常的能力，恰恰相反，她的记忆不断地限制了她做决定与前进的能力。她记住的信息包括自己经历的、感觉到的以及想到的事情。那些在存储与回忆大量信息方面拥有超常能力的人，其实很想关闭他们记忆往事的能力，至少是想暂时关闭。持续浮现的往事让他们感觉受到了束缚，这种束缚非常严重，以至约束了他们的日常生活，限制了他们的决策能力，阻碍了他们与正常人建立紧密的联系。当这种影响由更为完整且更易获取的外部数字化记忆所引起时，影响可能会更强。

如果回忆太清晰，即便这种回忆是为了帮助我们的决策，可能也会使我们困于记忆之中，无法让往事消逝。完美的记忆使我们暴露在过滤、选择和解释的挑战前，而遗忘通常会使我们免于挑战。

（二）小数据的省钱之道

一直以来，大数据里杂乱的、非结构化的数据都是企业数据治理的心腹之患。尽管许多企业竭尽所能保留下来了各种客户、内部流程及运营方面的数据，但是将这些裸数据变成可供商业智能及分析平台处理的东西却十分地耗时耗力。据估计，数据科学家 80% 的时间耗在了数据清理方面。从这个角度来说，数据科学家这一职业似乎叫 IT 蓝领工人更合适。而且，与数据科学家的供应量相比，数据的规模只会越来越大，复杂度只会越来越高，而现在要求数据转换要以近乎实时速度去处理，靠人去完成那种规模的劳动密集型工作几乎是不可能的。

与大数据相比，小数据集是指那些通过分析大数据集得出的具有特殊属性的小数据的集合，这些数据足以找出企业当前的问题，并可得出可行的解决方案。换句话说，小数据集是可以给企业提供可访问和易理解的数据集，以保证企业能得到及时、直观的数据支持，且不需要使用高深的技术和昂贵的工具来处理大数据。这样企业就可以通过分析小数据集的方式间接挖掘出大数据中蕴藏的宝藏，并同样能得出大数据的结论。

目前，越来越多的企业开始青睐小数据，一些企业的管理者直言道：

"把自己放低，先做好小数据，因为小数据对企业往往是最有价值的，尤其是制造业。"

"别人做大数据，我们做小数据，而且要把小数据做得越来越小。"

"战略非常重要，但它是急不起来的。做好小事促成道上的正确，坚持不被形势腐化。"

"当你做到全世界成本最低、劳动效率最高、能耗最低、投资最少，谁还会去关心经济是上行还是下行。"

"明道而非常路，坚持做小事情，习术要善修正。"

而在市场上，一些企业则利用前期对小数据进行采集与运用，通过前期管控的方式降低企业整体的运营成本，实现企业的省钱之道。

比如，分豆教育是在线教育领域中运用小数据思维收集学生数据的典范。分豆教育主要做的是 K12（从学前教育至高中教育）教育，K12 的核心是学生，因此在学生数据的来源上，分豆教育就定位到了学生学习最主要的三个场景：校内学习场景、校外培训场景和自身学习场景。而校内学习场景，占据整个学习时间的绝大部分。因此它的小数据获取——校内是最主要的来源。这也使分豆教育在生源获取成本上要低于同业竞争对手许多。

此外，还有一类企业则是依靠大数据提炼后的小数据，利用小数据分析去改善企业原有的业务模式，通过小数据提高投入产出比，摊薄企业的整体运营成本，实现企业的省钱之道。

比如，百事可乐的做法很简单，它们希望花的每一分钱都有所回报，所以它们直接购买了社交信息优化推广公司 SocialFlow 的服务，利用 SocialFlow 对数据的分析，从而知道何种营销活动的传播效果更好。而广告主也越来越喜欢为类似 SocialFlow 的服务付费，基于海量数据分析然后得出小数据结论以改善企业的营销行为。

小数据在个人应用方面同样有效。王建锋是某综合类网站的编辑，基于访问量的考核是编辑每天都要面对的事情。但在每年的评比中，他都号称是 PV（页面浏览量）王。原来他的秘密就是只做热点新闻。王建锋养成了看百度搜索风云榜和搜狗热搜榜的习惯。所以，他会优先挑选热搜榜上的新闻事件来编辑整理，关注的人自然多。搜狗拥有输入法、搜索引擎，那些在输入法和搜索引擎上反复出现的热词，就是搜狗热搜榜的来源，也是大数据精简后的小数据。王建锋通过对小数据的对比，就能够找出哪些是网民关注的热点。

二、让遗忘回归常态

（一）忘掉大数据，回忆小数据

大数据有能力覆盖我们的记忆，并可能会影响我们的判断。小数据则远不及大数据那样浩瀚繁杂，有时甚至只是零星的弱信号，往往被淹没在噪声中。但正因为如此，它们往往能让我们回忆起很有价值的信息。

有一天晚上珍妮在家，她收到了约翰发来的一封电子邮件。她认识约翰20年了，但是近5年她可能只见过他几面。在她的记忆中，由于约翰曾经很无趣，他们相处得并不愉快。

现在，约翰发来电子邮件说他将要出席一个会议，而珍妮也将要在这个会议上发言，所以他想问问珍妮到时是否有时间一起喝杯咖啡。珍妮并没有兴趣，因为在她的记忆中约翰是个无趣的人。

珍妮无意地搜索她的邮件文件夹，几秒钟之内，显示出了好多邮件，时间几乎跨越了10年，邮件按日期整齐地排列着，最早的邮件显示在最顶端，她迅速地浏览了这些邮件。

随着邮件在眼前一闪而过，她偶然发现了一封完全不同的邮件，勾起她无限回忆：他们周末去海滨兜风时约翰驾驶着时髦汽车，他那丑陋的山羊胡子以及她最终如何成功地说服约翰剃掉了它。多么有趣的时光啊！她又重读了其他几封往来的邮件，她想起了自己当时那种幸福的感觉，这让她犹豫不决，甚至她已经不确定为什么后来他们竟发展成那样。她脑海中关于老朋友约翰的美好形象一下被回忆起来。珍妮甚至在想，过几分钟我该如何跟他喝咖啡呢？如今，珍妮已经很难再拒绝约翰的邀请了。

珍妮的反应是人之常情，也是典型的从大数据记忆到小数据回忆的经典案例。小数据的刺激改变了我们原本完整的记忆，让我们更加专注于自己所愿回忆起的事物。这也恰恰说明了即便在大数据时代，我们仍有条件选择对大数据进行遗忘，而记住并掌握那些我们更想了解的小数据。

（二）小数据的取舍之道

维克托在新作《大数据时代》中对大数据进行了详细的解释，大数据只是客体，本身并不能决定自己有用还是无用。有用还是无用，是相对于主体来说的。对人有意义的数据，就是雕像，就是该保存的回忆；对人没意义的数据，就是应去掉的石料，就是该删除的垃圾。所以大数据的取舍之道，是把有意义的留下来，把无意义的去掉。

那么小数据的取舍之道，我们认为则是把个性化的留下来，把非个性化的交给大数据。

个性化数据是在新的市场环境中企业迫切需要的一种新的数据模式，它更贴近于个体的独特需求，类似于"量身定制"。在大数据发展势头迅猛的今天，企业有更多的机会去了解消费者，甚至会比消费者自己还要了解其需求。因此，企业根据用户需求的多样化，开始深耕顾客需求市场，把目光转向个性化医疗、个性化教育、个性化就业等方面，通过小数据分析为顾客量身定制产品。换句话说，个性化数据为用户提供他们想要的产品和服务，将是未来红利中最具价值的财富。

相反，那些非个性化的数据，既不能提取出用户独有的特征，又不能满足清晰、客观地观察世界的视角的需求，更适合复用。复用的结果最终就是同质化，但其数据结果也将更稳定，预测曲线也将更平稳，由此也就无须人们再去对数据进行干预以及再去记住它，这就是所谓的大数据产业。

目前，大数据产业还处于发展初期，市场规模较小。而个性化数据通过对大数据的挖掘、分析和利用，可以实现数据增值，让数据价值实现最大化；并且它的作用越来越明显，可以改变过去发展靠劳动力、现在发展靠数据资源的局面，有利于将数据资源转化为发展红利。

三、让精简成为王道

（一）大数据时代精简的艺术

《精简——大数据时代的商业制胜法则》一书曾提出：我们每个人都面对着一个严重的问题，那就是生活在一切都过量的世界。这样的过量令我们窒息。我们所做的每一个困难的决定本质上都关乎三个艰难的抉择：继续还是忽略、取还是舍、做还是不做。精简的艺术就是：当你以正确的方式舍弃了恰当的元素时，往往拨开云雾见明月，收到事半功倍的效果。

大数据时代，一切都有着过量的功能与选择，唯独缺乏最佳的体验。很多企业因"精简"取得了令人瞩目的成功，不仅让品牌家喻户晓，也改变了人们的生活方式。比如，苹果公司生产的 iPod、iPhone、iPad，以其精简、优雅的外形设计和用户体验风靡世界，引起全球争抢；谷歌那极简的搜索首页仅用一个输入框连接用户与世界，成为互联网史上的经典；亚马逊凭借精简的"一键下单"功能成为全球最大电子商城。品牌咨询管理公司思睿高发现：消费者更愿意为简单的体验支付更高的价格：平均愿意多支付 3%~4.1% 的价格。如今，人们更想从产品或服务本身之外获得更好的用户体验，因此企业必须在产品和服务的功能和选项上做得更精简一些。

如今，"精简"这件事已经越来越多地出现在企业的产品开发过程中，通过对用户数据的分析，了解用户使用产品时的目的，这些产品会包括更多的特性、选择和功能，并且，这些产品同样做得很精简。

作为 2015 年手机界新人，ZUK 以黑马的姿态杀入手机市场，超高的性价比让 Z1 赢得了消费者的青睐，在强敌林立的"双 11"大促销中取得了骄人的战绩，该款手机在硬件方面仅提供一种版本选择，让用户无须在电信 4G/ 联通 4G/ 双 4G，或 16G/32G/64G 间做选择，直接提供给用户全网通 64G 的最优版本。ZUK 手机 CEO 常程透露，做产品最重要的就是简单，让人能够一目了然。而其公司第一款手机 ZUK Z1，可以说也的确处处包含了常程的以"简单"为核心的产品理念。

（二）小数据带来全新的快感体验

小数据，既是对大数据的一种精简，同时也是对生活、对工作、对服务的一种精简。利用小数据，我们发现原来工作也可以这么高效，那些复杂的流程原来并不需要那么复杂，用户服务竟然也可以如此简单。而相应地，无论是用户还是我们自身，都将会得到一种全新的快感体验。

例如，2014 年 12 月 9 日，"央视新闻"微信公众号图解新闻的推送专栏由"一图解读"变更为"一图"，更加精简的栏目名称预示着图解新闻对文本内容的呈现减少，转而更多地倚重交互性图表实现文本和数据的可视化，进而把抽象枯燥的信息具象化来适应更加多元的新闻报道内容。图解新闻通过简洁、美观、交互的扁平化 UI 设计（或称界面设计），可以让新闻信息在数读美图中清晰展现，将大数据的海量信息整合为直观易懂的可视性视觉图片的小数据，从而为受众带来更加多元的新闻阅读体验。

"一图"的图片新闻报道形式主要是融合不同类型的信息数据图表来进行新闻内容的可视化呈现。图表主要有以下几类：

（1）图例、图示解读

图例、图示的数据解读模式主要是运用形象图例和简洁文字或数据，来对新闻的数据和文本内容进行重新解构与视觉解读，将复杂冗长的数据和文本形象化、具象化，达到视觉传播的直观效果。

（2）交互性信息图表

交互性信息图表是实现新闻数据可视化的重要手段，它依托大数据的海量信息基础，运用特殊的软件程序对数据进行处理，把文字信息转换为视觉符号和类型图表，用简洁直观的视觉化方式引导读者对新闻事件的关注和思考。

（3）数据地图

数据地图通常以电子地图为背景，将多种数据图文信息整合其中，多用于灾难新闻的报道。"央视新闻"微信公众号所推送的图解新闻受手机屏幕大小的限制，此类数据地图所展现的图示多为局部、小范围的地图，并不影响其对新闻事实和数据信息的直观展示。

四、从细节预见未来

（一）让小数据预见未来

在生活上，我们处处可以见到细节影响成败的案例：法国银行大王贾库·拉斐萨托年轻时曾一度失业。一天他到一家银行求职又遭拒绝，这已经是他第52次碰壁了。当他垂头丧气地走出银行时，忽然发现门前台阶上有一枚大头针，就弯腰捡了起来。没想到第二天银行发来了录用通知。原来，昨天他蹲身捡针的情景恰好被这家银行的董事长看见。在董事长看来，从事银行工作，需要的正是拉斐萨托的这种注意细节的精神。从此，拉斐萨托凭着自己的才干和努力，终于在法国银行界崭露头角。

美国福特公司的创始人亨利·福特，大学毕业后，去一家汽车公司应聘。和他同时应聘的三四个人都比他学历高，当前面几个人面试之后，他觉得自己没有什么希望了。但既来之，则安之。他敲门走进了董事长办公室，一进办公室，他发现门口地上有一张纸，弯腰捡了起来，发现是一张渍纸，便顺手把它扔进了废纸篓里。然后才走到董事长的办公桌前，说："我是来应聘的福特。"董事长说："很好，很好！福特先生，你已被我们录用了。"福特惊讶地说："董事长，我觉得前几位都比我好，你怎么把我录用了？"董事长说："福特先生，前面三位的确学历比你高，且仪表堂堂，但是他们眼睛只能'看见'大事，而看不见小事。你的眼睛能看见小事，我认为能看见小事的人，将来自然能看到大事，一个只能'看见'大事的人，他会忽略很多小事。他是不会成功的。所以，我才录用你。"福特就这样进了这家公司，这家公司不久就扬名天下，也相应改变了整个美国国民经济状况，使美国汽车产业在世界占据鳌头，福特把这家公司改名为"福特公司"。大家想一想，这张废纸重要不重要？看得见小事的人能看见大事，但只能"看见"大事的人，不一定能看见小事，这是很重要的教训。

在数据应用领域，道理其实是一样的。目前小数据更多的是被看作为"细节预见未来"。

例如，一家零售公司可以利用大数据的分析，根据客户的偏好、趋势和个性化需求制定优惠促销策略。但是，如果没有传统的关键绩效指标，如收入增长、利润率、客户满意度、客户忠诚度和市场占有率等小数据指标，公司将不能判断出促销策略是否有效果。许多企业正是因为抓住了这些小数据指标，才得以实现质的飞跃。

（二）价值就在小数据当中

稀缺性是经济学的第一定律。面对海量数据的无限增长，有人说经济学过时了，因为越来越多的财富来源于无限性数据，所以资源将不再稀缺。错！大数据作为一种无限性的资源，其本身并没有价值，数据的价值是由终端或平台的使用者创造的。因此，相对于海量数据的无限增长，由使用者创造的小数据更加稀缺。经济学的稀缺性定律不仅没有过时，反而得到了更充分的验证。

例如，微博上有一则新闻，一小伙是一个高档小区的物业管理员，有一天他突发奇想，自己配了扫描枪，每天就专盯着这个小区的垃圾堆，看见有条形码就扫描，晚上回家把这些收集到的数据整理出来，得出这小区喝什么水、吃什么油、买什么衣服之类的小数据，对整个小区的消费品类偏好和品牌偏好一清二楚。最后他用这些小数据做成了一份报告卖给大公司，报告价值数十万元。我不知道这条微博的真实性如何，但我相信如果真的有人这样做，这份报告一定值这个价钱。因为这个人用这些小数据创造了价值，它能够让购买者比其他人更了解这个小区。

在马云提出新零售时，原银泰百货总经理厉宁就提出不同的意见。厉宁女士以为，马云自己并没有做过零售，所谈零售的新与老，忽悠的成分较大。不是你在互联网领域做成功了，来谈零售或做零售就是新零售！因为在零售环节，很多事靠所谓的互联网思维和算法根本就不能解决问题。

厉宁女士对马云是否懂新零售的观点正确与否姑且不论，但是她举的例子都很有道理，她认为只有小数据才能解决零售的问题。

（1）今年这件衣服卖得很好，明年还要继续吗？今年卖了100万件，明年做120万件行吗？再延伸下去这个问题也非常有意思！

（2）K 款今年卖得不好，所谓的大数据就摆在那里，能解决什么问题？

商品管理是实实在在的小数据管理，需要的是非常传统的管理方法。就像 K 款卖得不好，原因可能很复杂，有可能是款式本身的问题，即设计、版型、花色、工艺等设计问题所致；也有可能是商业经验的问题，即投产量、定价、分发等商业管理问题所致；还有可能是管理能力的问题，即基本质量、物流配送等内部管控问题所致；或者是销售能力的问题，即现场销售等系列问题所致。

这些都是商品管理的小数据出现了问题，而依靠所谓的大数据，是不可能知道问题的真相的。所以企业最需要关注的并不是大数据和算法，而是通过小数据去寻找解决这些经营过程中出现的具体问题的方法。

五、从量化自我开始

（一）成为最了解自己的专家

身处数据爆炸的大数据时代，数据毫无疑问变成了生活的主导，关于量化自我其未来的影响力度是未知且不可见的。但是随着时间的流逝，越来越多的大数据被量化成小数据，使量化自我取得了更进一步的发展，并且已经成为一种全社会的普遍行为。大家都非常乐意通过量化自我，成为最了解自己的专家。

量化自我对我们的影响最显而易见的就是可穿戴设备的普及，我们正在步入一个新的科技潮流，曾以为这些高科技的东西因为其装备的高价，会让我们望而却步。但是不知从什么时候起，各种监测软件横空出世，测量运动的、监测睡眠质量的、记录学习时间的、记录阅读量的……其实当我们开始注意某天与某人的通话时间时，或许我们就已与量化自我结下了不解之缘。

量化自我，可以让人更有自知之明。Nike+ 个人速度计，通过鞋里的个人传感器得知跑步的速度和距离；Wii Fit 体感动作游戏，可以让你和家人朋友进行运动竞赛；还有很多包括监测睡眠质量之类的量化产品。通过这些新兴的致力于量化自我的科技软件，我们能够更清晰地获得自己的运动数据，不同于平时自己凭感觉记录的各种数据，这些与软件相结合的运动设备，能够通过监测身体的各项指标，通过身体的微妙变化，十分精准地记录你每天具体的运动量以及身体的各项健康指标。使我们对自身身体的了解不再只停留在感觉上，或者医院体检的几个标识上，使用了这些产品，你可以随时随地得到具体的数字，包括运动、睡眠等方方面面，掌握自己的第一手健康资料，同时据此做出一些有利于健康的改变。例如，软件设计师罗宾·巴罗阿通过一个手机应用程序来测量午饭后的情绪，借此发现不同食物对自己情绪的影响。他用这种方法成功减轻了 20公斤体重。

量化自我在某种程度上也提高了人的积极性。新时代互联网的发展使人们无时无刻不在进行各种在线交流，使我们轻而易举可以获得别人的健康指标、运动信息。当我们看到别人的运动量远远大于自己时，或许就会在运动时更有动力；当我们看到别人的学习时间、阅读量远远大于自己时，就会认识到自身的不足，更加努力。因为，在生活中，我们很难感受到日常的差异，但是当这些事实赤裸裸地以数字的形式清晰明了地展现在我们的面前时，我们就会认识到自身和别人的差异，进而三省吾身，见贤思齐，让视野更加广阔，不再是井底之蛙，从而更有利于激发自身的潜力。

量化自我，也是新一代商机。"健康'自我量化'再获千万级融资，曾推出智能体重秤、血压计及 Pulse 的 Withings 获融资 3000 万美元"这样的新闻越来越频繁地出现在大家的视野中，随着新科技的发展，许多针对性极强的自我量化产品也应运而生，为失眠者设计的睡眠监测产品，为高血压患者设计的自动血压监测仪，为运动爱好者设计的运动检测产品等。敏锐的商家抓住了这个机会，把这些东西一项项转化为巨大的利润，利用先进的技术，设计了以前想都不敢想的产品，满足人们需求的同时，既引领了潮流，又增强了品牌影响力，于是很多针对性极强的产品横空出世。

（二）有一种生活叫"量化自我"

在生活的很多领域中，数字的存在天经地义：账户余额、租金、待售汽车的性能，所有这些都应该用准确的数字表现出来，而不只是用模糊的概念或感觉来描述。在私人生活中，数字却是禁忌：如果有人不是写日记，而是在 Excel 表格中填写数字来记录每天的生活，肯定会被周围人认为性格乖僻，甚至疯狂。在专业体育和医疗领域，精确测量身体数据的行为早已司空见惯，但是如果普通人也开始在日常生活中观察自己、量化自己，会怎样呢？

（1）德国汉堡青年菲利普·卡尔维斯现年 30 岁，热衷于"量化自我"。卡尔维斯花了 99 美元购得一条装感应器的束发带和一个苹果应用程序，戴着这个束发带睡觉就可以获得与睡眠相关的数据并把数据传送到苹果装置中。他的体重计具备无线传输功能，可把体重和脂肪等数据即时传进计算机或手机中。

比如，某一天他量得走路 7361 步，头一天夜里只睡了 4 个小时，其中 1 个多小时是深睡眠。然后卡尔维斯每天都根据自己的测量结果调整自己运动和睡眠的时间。

如今，"量化自我"已经成为卡尔维斯每天生活中不可或缺的一部分。

（2）美国人加里·沃尔夫（Gary Wolf）和凯文·凯利（Kevin Kelly）2007 年在旧金山创办了"量化自我"网站（www.quantifiedself.com），倡导通过数字了解自身，如今有 20 多个国家和地区成立了"量化自我"团体。它们最新发布的产品包括一种进食速度控制叉子，它能感应使用者咬到叉子的次数，发觉进餐速度过快就发出提示音。"量化自我"爱好者在"量化自我"网站上发布自己的健康数据，与他人交流所使用的测量方法及设备。很多商家针对这一群体推出了一些产品，现阶段可在"量化自我"网站上看到 500 多种测量健康数据的装置或应用信息。

德国健身专家贝娅特丽克丝·赖斯认为，这些应用"让人们以玩的方式进一步了解自身，激发自身实现健康目标"。

而继"量化自我"网站之后出现不少类似网站，方便人们掌握自己的健康状况。

（3）28 岁的瑞士人布莱恩·克莱恩两年前发现了观察自己的乐趣。除了定期监控自己的步数、营养、体育锻炼和支出情况，他还重点记录自己集中注意力的情况和工作效率。

起初他使用了一款名为"拯救时间"的软件：它会记录他每时每刻的动静，包括他在计算机上打开了什么程序、在哪些页面用了多长时间。"它将直观的数据毫无保留地展现在我眼前，"克莱恩说，"但它并非总是能够说明真实的效率。"比如，发邮件的时候，他可能在有效利用时间，也可能在虚度光阴；浏览新闻页面时可能是在调查研究，也可能是在分散精力。

于是克莱恩开始手动记录：他将自己的工作时间分成 25 分钟的小段，连续记录自己在做什么，专注程度怎样。结果是惊人的：短短半年的时间，克莱恩的工作效率就比刚开始进行记录时翻了一番。

"在有意识地填表记录之后，我才真正意识到自己浪费了多少时间。"
克莱恩说。

此外，量化自我还有助于研究生活的各个方面之间的紧密联系。
比如，克莱恩每周斋戒一天，他觉得自己这天注意力特别集中，也
非常有效率。但是 1 年之后他分析自己的数据，发现根本不是这样。
"但我内心仍然这样相信着，"克莱恩说，"可能还有一个我没有考虑
到的影响因素。"

尽管如此，他对自己的实验仍然非常满意：它不仅让他变得更
加有效率，同时也帮助他制定了更加实际的目标和期望。"现在我知
道，我在一定的时间内能够做到哪些，也能清晰地看到我工作上的
进步，我觉得这非常能激发我的积极性。"

除了工作效率，克莱恩也曾用一个脑电图额带检测过自己的睡
眠。"我能看到，我只在前 2/3 时间处于深度睡眠和半睡眠阶段，清
晨基本就是没睡着的状态。"于是他决定将自己的睡眠时间由平均 6
个半小时减少到 5 小时 45 分钟，实施起来效果非常好。

如今，克莱恩通过每天量化自我，已经拥有了国民经济学和哲
学硕士学位，目前刚刚完成了他的心理学硕士学业。

（4）来自柏林克罗伊茨贝格区的霍尔格尔·迪特里希开始自我
测量的经历可以说非常典型。这位 36 岁的技术狂人在柏林"量化自
我小组"见面会上说："我听人说起这些能测量日常生活各种数据的
小仪器，心想真是酷极了的新玩意儿。"这个小组是个松散的组织，
成员全是男人，他们每两个月碰面一次，互相交流自己测量了什么、
从中学到了什么。迪特里希给我们看他的 Jawbone 手环和一个追踪
器，他用这两者来记录自己的日常活动。该小组很多人都在手腕或
腰带上戴着类似的仪器。迪特里希说，他很快意识到，他很少做到
仪器推荐的健康生活方式——每天 1 万步。

他开始更多地步行，不久开始慢跑。"我开始在藤珀尔霍夫区跑步。在此之前，我还从来没有锻炼过。"这位网络顾问说，"最初只是因为我能看到我的数据记录，慢慢地我发现，跑步能给我带来快乐。"

迪特里希没有使用分享功能，借此他本可以将已经完成的慢跑距离、爬过的楼梯级数或消耗的卡路里数公布在 Facebook 或 Twitter 上。"我喜欢观察自己，而不是和他人做比较。我的很多朋友也对总是有人刷屏公开自己信息的行为感到烦恼。"夏天他会开始跑半程马拉松。如果没有这些小仪器，他可能不会发现运动的乐趣。"有时我会收到邮件提醒，比如，我上周步行距离缩短了，或是周三常常运动不够。这是个很好的鞭策，提醒我以后注意。"

此外，他还开始收集关于自己的其他数据。"我没有具体的目标，也没有想要解决的问题。"他说，"了解自己本身就是一件有趣的事情。"比如，他将一款软件设置为每天晚上 22 点 37 分准时给他发送一份调查问卷，询问他一天的生活情况。"比如我是否和家人聊天，是否喝酒。"这是一些就算没有软件记录，他也清楚知道的信息。"记录下来，能够更好地审视自己。"迪特里希说，"比如我以前从未觉得自己喝得太多，然而通过观察记录，我发现自己几乎每晚都饮酒过量。"他得出的结论是：禁酒 10 周。

他承认，这种观察自己的角度确实有些滑稽：真实的自己和希望成为的更好的自己之间划清了界限。"量化自我正是一种自我完善的方式，最终目标是能够接受自己的现状，这样人就归于完全的禅境了。当然，在做到这一点之前，我还是先乖乖跑步吧。"

（5）在自我量化运动还没有发展为今天的规模时，哥茨勒尔就已经开始自我测量了。"10 年前我参加了美国大学生篮球赛，"他说，"我们定期接受专业检查，从体脂、弹力、跳跃力到血常规。"哥茨勒尔认为，正是那时的经历激发了他用数字记录身体的热情。

和霍尔格尔·迪特里希、布莱恩·克莱恩一样，哥茨勒尔也是当地"量化自我小组"的成员。他认为自我测量者坦诚而友好。"就算是新人，也会很快受到热烈欢迎。每个人都喜欢交流，就像家庭成员一样亲密。"对于如今已经 29 岁的他来说，打篮球只是业余爱好了，但他仍然和以前一样观察自己的血常规。"当我注意到，我的维生素 D 和微量元素水平偏低后，我开始调整自己的饮食，并额外补充维生素 D。当数值都恢复正常之后，我也明显感觉自己健康了很多，虽然不能排除只是心理因素的影响。"哥茨勒尔的榜样是蒂莫西·费里斯（Timothy Ferriss），他通过出版《4 小时的身体》一书带动了"优化自己的效率、身体、营养"活动的流行。

定期检查的血常规不但过程麻烦，而且费用昂贵，这让哥茨勒尔感到很沮丧，同时也催生了他的一个商业灵感：他和一个朋友、两位医学顾问一起成立了一家名叫 Biotrakr 的公司，其宣传语是"建立在你的身体数值基础上的私人健身教练"。目前该公司还处于试运营阶段。哥茨勒尔为 50 名用户寄去了工具包，测试整个工作流程能否正常运转。用户用刺血针为自己取血，然后将血样匿名寄送到公司实验室，而相关数据会被传输到 Biotrakr 的网页上。"用户可以方便、匿名地查出自己的血常规值，我们会帮助他们分析，这些数值是什么意思，他们可以做些什么来应对。一切正常当然最好，万一有问题也是越早发现越好。"

哥茨勒尔知道在健康这个主题上，数据保护非常重要，而且从法律层面来讲，他的公司并没有做出医学诊断的权利。但他仍然相信，Biotrakr 的服务市场广阔："目前主动量化自我的人还是少数，但他们的数量肯定会越来越多。我们想借助 Biotrakr，为广大消费者提供一种工具，让他们只用花很少的钱，就能过上尽可能健康的生活。"

六、迎接小数据时代

（一）小数据集合体的形成

当我们无法精确定义某种事物时，则会冠之以一个指意模糊的代称，"大数据"就是这样一种代称。如果我们要理解它，只能够进一步将它具体化，把它量化为小数据。

美国帕罗奥多研究中心（PARC）的马克·韦泽（Mark Weiser）提出人类最终将进入"普适计算"（Ubiquitous Computing）的阶段，即我们可以在任何时间、地点，获取和处理任何信息，无处不在的微小设备无时无刻不在采集、传输和计算，形成一个包罗万象的信息网络，因为数据，正逐渐渗透人们的生活，影响甚至取代原有的知识生产方式和认识框架，而其中一个非常重要的趋势，就是"量化自我"（Quantified Self，QS）。

量化自我这个词是 2007 年由世界著名科技杂志《连线》记者凯文·凯利（Kevin Kelly）和盖瑞·伍尔夫（Gary Wolf）提出来的，它是指人们可以通过关注自身数据从而保持身体健康。其后几年，无数自我量化运动的忠实支持者开始大范围地组织聚会，同时不乏对周围人群的宣传，QS 运动正有燎原之势。或许发起人都未曾预料到这个活动会在其后几年内在全世界范围内产生如此之大的影响。量化自我，标志着社会化的个体开始主动运用数据的方式开展认识自我的实践，预示着人类认知领域全面数据化的开始。

从宏观上看，当个体的量化自我行为成为一种普遍的社会实践之后，所谓的大数据（普适计算网络），就会把世界划归为两类数据，一类是自然数据，另一类是社会数据，而社会数据即是由无数的个体数据库构成的量化自我的计算网络—— 一个包罗万千的社会数据网络。在这个网络中，有意义的数据和运算规则将被保留，无意义的数据和算法都会被剔除。留下来的数据，最终会被浓缩成一个个小的数据集合体，被用于实际应用当中。

（二）小数据的未来会怎样

小数据到现在为止的应用十分局限，较成熟的应用像是运动手环、智慧手表等收集身体信息，告诉你每天的运动量如何。但小数据若通过自动化，在未来所能提供的信息不止于此。

如饮食，现在便利商店、快餐店的食品都会标注热量与成分，假设在结账时，这些数据也能一次加总，通过超链接或者二维码输入手机，就能让你知道一天摄取多少量；若加上服务，也能让你知道最近是否吃得太油、太咸，咖啡因是否连日超标，该调整一下了。

例如阅读，美国有个叫 Roundview 的新服务，它可以分析你在网络上的阅读行为，让你了解自己平时阅读哪些网站、哪些作者的文章，进而找出自己的喜好。若类似这样的服务能做得更完整，也能理解自己平常的时间花到哪儿去，获得的信息是否偏向某一类、而又有哪些不足。

小数据也能应用于消费分析，像是悠游卡、信用卡等若能提供消费类别与金额的分析并且整合，更能帮助你处理自己的财务。

当然，小数据作为数据时代的重要组成部分，应用潜力远远不止这些，任何销售、服务、金融企业可以充分利用数据资源，在做好大数据的基础上，提取具有鲜明特征且具有价值的小数据，挖掘可利用的客户个人信息，获取有价值的客户信息，降低公司成本，提高运行效率，增加销量，更好地为客户提供量身定做的优质服务。

比如，小数据可以用于企业中，和人力分析技术结合在一起，去改进员工的时间管理方式，从而优化工作进程。如通过 NFC（近距离无线通信技术）和微传感器，可以测量到员工在处理邮件、与他人协作、和同事聊天以及开会时在路上所耗费的时长，当这些时间数据每天都被采集起来并以图表的方式形成个人报告，则可以让员工知道他们有哪些地方是做得不够高效、分配得不够合理的，从而去提升自己的效率和个人表现。

许多数据公司目前已将小数据应用视为公司未来发展的核心，它们认为小数据创新的意义主要表现在以下几个方面：其一，企业利用"小数据"挖掘其中蕴藏的商业智能已成为数据时代寻求决策依据、提升企业本身竞争力的一个重要途径；其二，从内部数据出发，企业能够通过海量数据挖掘用户特征获取有价值的"小数据"，以获取有价值的用户信息，并帮助企业明确品牌定位和优化营销策略，促使企业及时调整自身的业务；其三，可以促进数据行业的发展，为公司的发展积累很多有价值的数据。

第十二章

小数据思想成就大未来

一、厘清小数据的关系

（一）大数据与小数据的关系

（1）十个指头弹钢琴

2014 年 2 月 7 日，习近平总书记在俄罗斯索契接受俄罗斯电视台专访时，谈道："中国有 960 万平方公里国土，56 个民族，13 亿多人口，经济社会发展水平还不高，人民生活水平也还不高，治理这样一个国家很不容易，必须登高望远，同时必须脚踏实地。我曾在中国不同地方长期工作，深知中国从东部到西部，从地方到中央，各地各层级方方面面的差异太大了。因此，在中国当领导人，必须在把情况搞清楚的基础上，统筹兼顾、综合平衡，突出重点、带动全局，有的时候要抓大放小、以大兼小，有的时候又要以小带大、小中见大，形象地说，就是要十个指头弹钢琴。"

习总书记上述关于抓大放小、以大兼小，以小带大、小中见大的深刻论述，全面涵盖了全局与局部，中央与地方，上级与下级，宏观与微观，一般（普遍）与个别（具体），主要矛盾与次要矛盾，国家、集体与个人，理论与实际，决策与执行，登高望远与脚踏实地之间的辩证关系，既是马克思主义的认识论，也是马克思主义的方法论。以大兼小、小中见大就是认识论，抓大放小、以小带大就是方法论。

大就是大数据，就是全量数据；小就是小数据，就是个体数据。所以，对于数据科学，我们必须在把情况搞清楚的基础上懂得哪些是大？哪些是小？怎样处理大小辩证关系？才能在具体数据应用中做到抓大放小、以大兼小，以小带大、小中见大。在研究小数据时，要以大兼小、以小见大，必须考虑目标的正确性、可操作性和决策的科学性、可行性。在研究大数据时，要抓大放小、以小带大，既要考虑整体共性，又要注重个体特征。这样，数据应用，大能与小数据量化的自我保持高度一致，小能与大数据预见的未来保持一致，既不能见小不见大，也不能见大不见小。对于数据科学，从数据中来，到数据中去，既要见大，也要见小，以小带大、小中见大，才能真正用好数据。

（2）十个差异论大小

数据时代将重新改写人们对数据的认识，甚至是数据自身。因为，即使是一个"数据"本身，它也是多维的，也还可以分拆，在分拆的过程中，会造就无限的商机。从信息到数据，从数据到数据颗粒，这一系列的变化，是科技发展的必然，也是社会变革的驱动力。

① "样本"与"全量"

传统统计学研究的一个重要基础是抽样调查，通过抽样调查得到一定的样本数据，并以此作为分析的基础。但抽样调查存在两大限制和缺陷。一是视角，做问卷调查，需要设计调查问卷，而问卷设计本身，是带有主观色彩的，即先设定哪些领域会存在哪些问题，并据此设计出相应的问卷问题，这实际上是由过去的知识体系决定的。然而，过去的知识体系并不一定代表着调查对象的客观和全貌，所以，抽样调查的样本本身就可能存在一定的局限性。二是样本量，在抽样调查过程中，样本量总是有限的。如果样本总量是有限的，从对象的角度看，其随机性和代表性都值得商榷。比如，街头的问卷调查，就受到一定的局限性，一定是有些群体懒得搭理你，而有些群体就很喜欢跟你聊天。这就意味着接受调查的基本上是相对有时间的人，或比较热心公益的人，所以，调查结果至少没有代表那些拒绝的人。另外，在市场化环境下，抽样调查也受到人们质疑，特别是在委托调查公司做抽样调查时，它的报价主要依据的是调查的样本量，不少调查公司从竞争和成本的角度出发，最终只能在实际样本上"做文章"。所以，从抽样调查的样本量看，也存在一定的限制条件。

大数据时代带来的重要变化主要有两个：一个是"数字社会主义"，另一个是"数字人生"，即整个社会都被数字化了，每个人也被数字化了。全面数字化的信息和无处不在的感应终端，将彻底改变传统数据获取的可能性和效率。更重要的是信息的数据化是与生俱来的，这种数字化趋势将会产生两个结果：一个是这种数据（信息）很客观，另一个是它为全量数字，这大大降低了人为和主观的干预因素，为计量科学创造了一个无限的想象空间和实现的可能性，也将彻底改变统计的存在和实现方式。最典型的应用将出现在人口普查领域，比如以前做一次人口普查非常不易，人力资源投入大，周期长，且成本高。但大数据时代，很多调查和统计分析方式将发生质的变化，都将彻底改变人口普查的方法，继而改变管理模式。再如，我国每年大约有70亿人次门诊量，现在这些门诊信息均逐步地被数字化了，这将意味着彻底改变医疗诊断、流行病管理、药理学、健康管理等领域，也将彻底改变统计的基础。可以预见，从抽样数据到全量数据，将引发统计乃至整个社会管理的巨大变化。

②结构与非结构

数据主要分为三类：一是结构数据，简单来说就是数据库，是由二维表结构来逻辑表达和实现的数据，严格地遵循数据格式与长度规范，主要通过关系型数据库进行存储和管理；二是非结构数据，一般指无法结构化的数据，如音频、视频、图像等；三是半结构数据，它的数据是有结构的，但却不方便模式化，有可能因为描述不标准，有可能因为描述有伸缩性，总之不能模式化。从处理的角度看，结构数据相对简单，目前对于结构数据处理的技术相对成熟。非结构数据及半结构数据，它们的处理技术仍处于探索阶段。长期以来，在整个社会的数据中结构数据的占比达到95%以上，非结构数据非常少。但近年来，特别是面向未来，非结构数据将呈现井喷式的发展，占比将大幅度地提升。但是，带来的问题是未来需要我们更多地管理和处理非结构数据，这既是一个挑战，更是一个商机。

③质量与数量、维度

过去是一个数据有限的时代，能够获取数据的数量是有限的，维度就更少。在数据有限时代，人们更多地关注数据质量问题，但面向未来，在数据化、物联网、感应终端大量应用的情况下，数据将呈现"指数级"增长的趋势，数据在量上会极大地丰富，从而出现一个现象，即数据的自验证能力。当数据量大到足够产生自验证能力时，就会降低对数据质量的要求。我们可以在日常生活中找到这样的例子，当描述一个对象"点"的数量足够大时，尽管单个点不是那么清晰，但从大的轮廓和面上看，对象是清晰的。

除了数据的"量"和"质"的关系外，还要看到一个问题，无处不在的感应终端能够使数据的维度极大地丰富，从而使对对象的描述更加多维并丰满。原来更多是从一个维度去看，从一个平面去看问题。当数据的维度不断丰富的时候，就可以从N个维度去观察对象，不仅可以看到正面，还可以看到背面和侧面等，且还可以实时地观察。这使很多在传统数据环境下，原本不可能实现的"对象刻画"成为可能。数据的实时获取、数据维度的丰富，而且是实时丰富，将给数据利用和创新带来巨大的想象空间。但与此同时，也会带来数据的"超高维"问题，挑战传统统计学的基础。

在数据从质量到数量再到维度的时代，我们从原来利用大数法则做归因分析的思维模式，转向未来利用多维定律进行关系分析的思维模式，从几何学的角度看，就是通过多点进行定位的方法。从风险分析的角度看，以往更多的是用一种纵向的思维去看风险，如通过对一个人的家族史的风险分析，来判断他的性格以及各种各样风险因素，但直观地看，这个方法是很不科学的。未来不但可以利用这个人的历史数据，而且这种数据是多维和实时的，这种多维包括环境数据、周边人对他的描述等，能够更加客观和科学地对其风险状况进行分析。这就是从质量到数量再到维度，带来的数据变迁。

④内部与外部

传统企业经营，更多地关注内部数据，包括公司数据和行业数据。但这些数据在解释问题时，是非常有限的。我们在进行企业管理时，无论是在趋势判断，还是在预测和解释上，行业内部数据均是非常有限的，甚至是不足的，需要更多地关注和利用外部数据。所以，以前更多地依赖于内部数据，未来会更多地依赖于外部数据，而能否获取充足的外部数据，将成为企业经营管理的重要能力。

⑤历史与实时

以往，我们更多是利用历史数据，而且数据的使用、处理都有一个较长的周期。这种时滞的存在，越来越挑战对于未来的判断。更重要的是，过去的数据是过去的环境成就的，未来的情况将由未来的环境决定，简单地用过去预测未来会面临巨大的挑战。当然，原来没办法，只能利用历史数据。但是，现在人们可以获取大量的实时数据，这就给了我们无限的想象空间。另外，实时数据也面临着验证和稳定性的问题，同时还面临着对于数据应用的取舍问题，这些都是未来数据应用中面临的新挑战。总而言之，我们将从更多地依赖于历史数据，转变为更多地依赖实时数据，同时在依赖和使用实时数据的过程中，也面临着新的挑战。

⑥拥有与知道

传统的数据管理都希望更多地获取数据，那么要先建立一个数据库，具备一定的存储能力、计算能力等。通过先建立自己的数据资源池，然后，把所有的数据放到这个池里，进行处理和管理。但未来行业的数据与社会的数据相比，可能只是"九牛一毛"，我们会越来越多地依赖社会数据，而社会数据是一个海量数据，无论是从可能性看还是从经济性看，都不能拥有这些数据的全部。所以，未来的数据管理要遵循"不求所有，但知所在"的原则，你不可能拥有全部数据，关键和核心能力是必须知道有哪些社会数据，这些数据在哪里，通过哪些通道能够获取这些数据。不必将所有的数据都拿到本地，即使都拿来了，明天又更新了，所以，这是数据管理理念的一个非常重要的转变。

⑦标准与语义

在传统的数据管理中，建立统一的数据标准非常重要，如每一个员工都有一个 16 位或 18 位代码，必须按照这个代码录入才行，否则，系统就无法识别。但未来使用更多的是外部数据，是社会的海量数据，我们不可能要求这些外部数据都按照公司或者行业的标准进行区分。

那么，怎么解决这个问题呢？未来将进入一个"后标准"时代，或者是语义时代。语义时代的关键，是在一个语义环境下定义每个字节。给大家举一个最简单的例子——苹果。从传统"标准"思维看，"苹果"有至少两个代码标准，一个是"苹果 1"，另一个是"苹果 2"，"苹果 1"是指水果，"苹果 2"是手机，不然输入计算机里，就无法辨别到底是手机，还是水果。但在语义时代，当输入一个词语，语义技术通过语境，就能够判断其准确的寓意，正如人们在日常交流谈话时，肯定不会产生这样的误解，因为有一个交流的语境存在。未来，这种语义分析技能，将成为数据管理的入门级要求，这是利用社会数据的基本功。

⑧满足与追随

传统的数据管理和处理是先建立一定的数据处理能力，然后，将数据从各个地方提取过来，通过计算中心集中处理，并提交一个结果。所以，在这种模式下，必然会涉及数据采集、去哪里采集、数据迁移，以及数据存储等一系列问题。然而，这种模式在未来将面临很大的挑战，不但是计算效率受到挑战，而且实现可能性也受到挑战。因为，你不可能把那么多的数据都拿来，也没有必要。因此，未来"数"和"算"的位置会发生反转。原来是数据追随和服从计算，而未来计算会倒过来追随和服从数据，即数据在哪里，计算就追随到哪里，在数据所在地进行计算，然后，把计算的结果传回来。

这是未来关于"数"和"算"的解决方案，这又是一项挑战。这几年大家都在讲大集中，当我们把所有的数据都集中在一起，你会发现其中大量的数据实际上是没有用的。所以，一家公司的数据像一个金字塔，数据管理就像在金字塔中间打一个"井"，把最重要的核心数据集中起来就可以了，很多边缘的数据不需要把它集中起来，因为，它们只需要本地计算，而集中也需要成本。

⑨数据与可视化

未来的数据展示将走向可视化，以前都是看报表，现在看到的更多是仪表盘一类的可视化展示，这也是数据的一个重要变化，即可视化。可视化技术在未来具有广阔的应用前景，尤其对于数据管理人员等，数据展现将更加直观、生动、具象，视觉传递效果更佳。以前表述一组数据，需要大量的解释说明，而现在如果用一个饼图、柱状图就可以一目了然了。面向未来，数据的可视化形式的转变，将为我们的内部管理和外部客户沟通提供很大的改进和完善空间。

⑩高成本与接近免费

最后，也是非常重要的转变，就是数据从高成本到接近于免费。从传统思维看，数据的获取是需要代价的，天下没有免费的午餐，任何一个数据获得都是有成本的。不管是做市场调查，还是去外部购买数据，都是要花钱的，就算是内部数据也不是免费的，从录入到处理、传输和存储，都是有成本的。但在互联网和大数据时代，数据如同空气般地存在于整个社会中，而且许多数据是"与生俱来"的。同时，各国政府也在推动数据（特别是公共部门的数据）向社会开放。奥巴马就任时就说，在他的任期内，要推动公共数据开放到 20%。为什么？因为公共数据、社会数据的开放，会带动整个社会的创新，数据开放产生的创新推动力是难以想象的。

很多人有奇思妙想，但是得不到数据的验证和支持。如果把这些数据都开放的话，那么人们就会通过这些数据发现很多改进空间和价值洼地。面向未来，数据可以是免费的，当然也不必全部免费，至少越来越多的数据可以是免费的，或者说是趋于免费，这将大大降低利用数据进行创新的门槛。所以我认为，未来数据获取和利用能力将成为决定企业经营、成本和创新的一个重要因素。因此，获取数据，特别是免费获取数据将成为企业的关键能力。

（二）决策从小数据收集开始

《孙子·谋攻篇》中说："知己知彼，百战不殆。"意思是说，在军事纷争中，既了解敌人，又了解自己，打起仗来就可以一直立于不败之地。

然而，你并不一定能够收集到足够的数据，甚至有时候你收集到的数据根本没有价值。一个重要的问题就是如何能准确有效地收集所需要的数据，以客观而全面地反映所要决策问题的真实状况，这就是小数据的收集。

小数据的收集是我们每一项决策活动的先行环节，是决策工作的必备工作和关键性工作，我们可以依靠掌握的相关信息及由此信息反映出的机会，对决策行为做出判断。小数据收集也必须建立在调查的基础上，只有充分地调查和分析，小数据的收集才能有的放矢，更有针对性，才能找到突破口和机会。要做好小数据收集这项工作，必须做到以下几点。

一是要有很强的执行力。数据收集是一个非常累人，非常烦琐的事情，只有严格地去执行，得出结果，才能将愿景落实到细节。

二是要有逆向思维。说得直白点就是换位思考，从一个数据使用者的角度来看待问题，如何把握数据分析的切入点，与其说拼的是分析能力还不如说是思维的较量。

三是有认真对待的态度。态度决定一切，你对一件事情是什么态度，就注定了这件事情的结果。

四是要有耐心。数据收集不是一朝一夕的事，它会花费你大量的时间和精力，这就需要你有足够的耐心，让身体的生物钟去影响你的思维，将小数据收集工作持续下去。

（三）小数据收集也有窍门

（1）巧用"关键词"检索

数据收集能够收集许多东西，但也不能漫无目的地去收集。关键词搜索是网络搜索索引的主要方法之一，就是希望访问者了解的产品或服务或者公司等的具体名称的用语。"关键词"在很多方面都能起到比较重要的作用，能够快速对某事、某物进行定位，提升小数据的收集效率。

你可以命令搜索引擎寻找任何相关内容，所以关键词的内容可以是：人名、网站、新闻、小说、软件、游戏、星座、工作、购物、论文、视频等。增加核心关键词的数量，可以有更多的机会搜索到所需数据的结果。在多数情况下，输入两个关键词，就能有很好的搜索结果。

（2）使用顺序观察法

顺序观察法是一种观察事物的基本方法，尤其适用于小数据的收集。对静态的事物按一定的方位次序做仔细全面的观察，对动态的事物按发展变化的阶段有层次地了解其全过程，这种按照一定的顺序对事物进行逐一观察的方法即为顺序观察法。运用顺序观察法收集小数据时有几个要点。

一是先观察对象分布、组合、罗列的空间位置以及出现、变换的先后次序，提前对所需要的小数据的收集顺序做好判断。

二是考虑按照什么顺序进行观察。一般情况下，如果是静态的事物，构成又比较复杂，分布也比较散乱，那就可按空间位置排列观察顺序：或从左到右，或从上到下，或由里而外，或自前向后，或由近及远，或由整体到局部，当然也可以反过来进行。如果是动态的事物，则可按时间先后的顺序进行观察。

三是确定好观察点，这是我们观察事物的立足点，它可以是固定的，也可以是移动的，观察点的变动也应遵循一定的顺序。

熟练地掌握这一方法后，我们所需要的小数据就能清晰地展现出来。

（3）尝试运用关联分析

关联分析就是寻找数据库中值的相关性，即一个事物的出现可能会导致另一个事物随之出现，两个事物之间存在着既定的相互关系。关联分析又称关联挖掘，就是在交易数据、关系数据或其他信息载体中，查找存在于项目集合或对象集合之间的频繁模式、关联、相关性或因果结构。或者说，关联分析是发现交易数据库中不同商品（项）之间的联系。

小数据收集使用关联分析可以减少数据采集次数与频率，关联分析的任务就是从数据集中挖掘出频繁项集，然后从频繁项中提取出事物之间的强关联规则，辅助决策。

（4）注重异常数据提取

很多人认为在处理大数据时忽略各种异常数据是最好的做法，为此他们创建了复杂的过滤程序，来舍弃那些异常的信息，因为异常往往会导致结果的不准确。但实践证明，在某些时候和某些特定的情景中，异常数据要比其他的数据更有价值。而这个被过滤掉的数据恰恰是小数据要采集的重点。

通常情况下，只要数据集的规模足够大，异常现象就总会随之出现，需要我们去核查自己数据分析工具的采集逻辑、处理逻辑。不好的异常处理方式容易造成逻辑混乱，脆弱而难于管理。而一旦采集逻辑和处理逻辑被证明是正确的，这个异常数据就会作为小数据的采集对象，采集到的数据可以描述用户在使用过程中的特殊行为。

（5）善于捕捉"亮点数据"

亮点数据一般发生在数据内容的关键环节，往往会以一种高亮、突出、变形的方式展现在你面前，这种数据也可称为重点数据，是数据最想表达的内容。遇见这种数据时，你可以比较容易地将其记录下来，成为我们所需要的小数据。但有时亮点数据也存在于一个不起眼的角落，需要你细心留意、仔细观察。一旦你发现了这种"不起眼"的数据，就意味着你将会比别人拥有更多的数据分析基础，甚至能够改变整个决策结果。

捕捉亮点数据需要养成良好的数据收集习惯，有时我们对某些数据会产生一些灵感，就应及时地把它们记录下来，发现确实有独具匠心之处就应该归纳和总结。日积月累，等时间长了，我们经过对数据的收集、整理、归纳，就自然会形成亮点数据的寻找逻辑，形成可贵的小数据收集经验。

（四）一个用户如何通过小数据来构成

如果我们把一个用户作为一次决策服务对象的整体，那么对于用户全方位的关键信息获取将成为数据收集的关键。

以一个科研用户的小数据构成来看，科研用户小数据是密切以用户为中心而进行收集、感知和获取的，其涵盖了用户特征数据、情景状态数据、线上活动数据、线下活动数据、用户生成数据以及科研角色数据。

（1）基础特征数据主要收集的是对用户基本信息特征的描述，如年龄、性别、专业、兴趣偏好、职称、工作年限等。

（2）情景状态数据主要收集的是对用户实时情景的描述，如当前所处的物理状态、活动状态、心理状态、需求状态、目标状态等。

（3）线上活动数据主要收集的是对研究过程中用户网络行为的描述，如网页浏览、数据共享、数据收藏、知识库访问、服务咨询、文献传递、在线阅读、网上学习等。

（4）线下活动数据主要收集的是对用户研究过程中现实活动行为的描述，如团队内部交流数据、学习、阅读、会议参与、知识咨询、经验分享、课程教学空间位置等。

（5）用户生成数据主要收集的是在研究过程中或服务接受过程中用户对产生数据的描述，如社交数据、研究过程中产出数据、服务评价、内容评价、阅读笔记、研究心得、成果展示等。

（6）科研角色数据主要收集的是对用户研究过程中科研任务和

科研角色的描述，如项目实施进度、人员变化、角色变化、任务临时调整、附属任务、突发事件等。

这些数据以全方位、多层次的方式描述了科研用户的研究模式和需求变化，实现了用户个体的个性化与数据的实时化（如表12-1所示）。

表12-1 科研用户小数据的构成

数据类型	作 用	范 围	来 源
基本特征数据	对用户基本信息特征的描述	基本信息，如年龄、性别、专业、兴趣偏好、职称、工作年限等	隶属单位、图书馆数据库、学习网站等
情景状态数据	对用户实时情景的描述	当前所处的物理状态、活动状态、心理状态、需求状态、目标状态等	传感器、网络监测、视频设备、移动设备等
线上活动数据	对研究过程中用户网络行为的描述	网页浏览、数据共享、数据收藏、知识库访问、服务咨询、文献传递、在线阅读、网上学习等	移动网络监测、用户日志、图书馆管理系统、科研管理系统等
线下活动数据	对用户研究过程中现实活动行为的描述	团队内部交流数据、学习、阅读、会议参与、知识咨询、经验分享、课程教学空间位置等	传感器、图书馆员、科研团队、同行专家、相关信息系统、隶属单位等
用户生成数据	在研究过程中或服务接受过程中用户自产生数据的描述	社交数据、研究过程产出数据、服务评价、内容评价、阅读笔记、研究心得、成果展示等	用户合作人员、图书馆员、同行专家、网络监测、社交媒体等
科研角色数据	对用户研究过程中科研任务和科研角色的描述	项目实施进度、人员变化、角色变化、任务临时调整、附属任务、突发事件等	科研工具、科研团队、项目经理、隶属单位、团队文化、国家政策环境等

二、形成小数据思维

（一）小数据思维

所谓数据思维就是以创造数据价值为目的的创新思维。谈及小数据思维，我们不得不先从大数据思维说起。大数据时代，人们的思维方式发生了极大的转变，具体表现在四个方面：第一，人们处理的数据从样本数据转变为全数据；第二，全样本的出现使人们不得不放弃原有的精准性，而转向接受数据的混杂性；第三，人类通过对大数据的处理，放弃了对因果关系的渴求，而转向对相关关系的关注；第四，大数据技术虽然没有迫使我们去记忆，但是其促进了遗忘的终止。鉴于此，小数据思维主要表现为四个方面：样本思维（精简思维）、精准思维、因果思维和遗忘思维。

（1）样本思维（小数据思维是以小见大，大数据思维是以大见小）

在大数据时代，人们在利用总体思维收集、存储、分析人类行为大数据并应用于生产、生活、工作的同时，小数据的样本思维能够从更加细微、全面的角度获得人们的心理数据，行为数据与心理数据的结合即总体思维与样本思维的融合，能够让我们对事物的认识更加全面、精准、立体和系统。

我们在这里提到了小数据样本，顾名思义，数据的样本少，实际上讲的是现存样本对特征空间的刻画能力不足。

过拟合（是指为了得到一致假设而使假设变得过度复杂）问题是小数据时代的核心问题之一。大数据之所以称为大数据，一方面是因为其具有能够超出一般算法或一般硬件的计算能力；另一方面是其拥有足以用来刻画样本特征空间以外的"超额样本"。其中，第一个特征是推动云计算软件发展的动力，第二个特征是从商业模式和数据分析的方法论层面推动行业的变化。大数据的核心价值是通过搜索小样本数据，将其聚集为海量样本数据，通过目标个体的汇集来兑现巨大的商业价值，而这一切所依赖的经验和规则是从小样本数据中挖掘出来的。也就是说，大数据的总体思维的前身和根基就是小数据的样本思维。

此外，更小、更精良的数据集更容易过滤"噪声"，获得"信号"。存储空间的成本正在降低，这让分析界倾向于分析全部数据集。在大数据时代，人们希望通过部署一个技术，就可以解决多种问题。供应商正在积极迎合这种需求，声称自己的大数据软件可以极大地简化业务分析项目。但是，与其无限期坐等大数据软件来解决一切问题，不如去提升自己的预测模型。定义预测模型的变量要比放入模型中的大规模数据有用得多。在模型中加入更多的数据反而会增加分析的时间。在分析数据集的时候，样本足以揭示总量的规律，而且更快捷。如果分析了 100 个数据节点之后，样本已经显而易见了，就不需要继续分析剩下的 10 万个数据节点了，否则只会延长项目，降低收益。

（2）精准思维（小数据思维追求精确，大数据思维接受混杂）

数据科学家维克托·舍恩伯格说过这样一段话："执迷于精确性是信息缺乏时代和模拟时代的产物。只有 5% 的数据是结构化且能适用于传统数据库的。如果不接受混乱，那么剩下的 95% 的非结构化数据都无法利用，只有接受不确定性，我们才能打开一扇从未涉足的世界之窗。"这体现了分析海量数据的大数据的一种容错思维，但这段话同时也意味着大数据由于数据量庞大可能会放弃对精准性的追求。而精准思维是一种非常务实的思维方式，它强调具体和准确，要求动作精准到位，在一个个具体的点上解决问题，排斥大而化之、笼而统之地抓工作。现实矛盾都是由一系列具体问题累积起来的，化解矛盾、推进工作必须养成精准思维，从一个个具体问题入手，积小胜为大胜。

对精确的追求，历来是传统的小数据分析的强项，这在一定程度上弥补了大数据的"混杂性"缺陷。考虑到我们现在处于一个数据过量而技能稀缺的时代，数据的数量不是最关键的，大数据最值钱的部分就是它自身。即便小数据处理数据量不是很大，这并不妨碍我们去更多地关注数据本身的价值。小数据收集的样本信息量比大数据少，无须快速做出反应，它更加注重的是非结构化数据之间的关联，重视的是深度挖掘，所以能够确保数据具有精确化特征。这便是小数据的又一种思维，即精准思维。

（3）因果思维（小数据思维注重因果关系，大数据思维注重关联关系）

大数据时代，人们可以利用数据挖掘技术找到与事物相关联的隐蔽性内容，获得更多的认知与洞见，从而能够更加容易、更加快捷、更加清楚地分析事物。这就是大数据对于事物本质的相关思维。利用这一思维，可以帮助人们看到以前不曾注意到的联系，同时可以帮助人们更好地预测未来。但大数据往往会因其相关性的统计分析将无厘头的事物一并牵扯起来，而忽略其内在因果逻辑关系。

在大数据时代，只要有超大样本和超多变量，我们就可能找到无厘头式的相关性。美国政府每年公布 4.5 万类经济数据。如果你要找失业率和利率受什么变量影响，你可以罗列 10 亿个假设。只要你反复尝试不同的模型，上千次后，你一定可以找到统计学意义上成立的相关性。事实上，对因果关系的追寻，是人类惯有的思维，在这个惯性思维的推动下，很容易误把"相关"当"因果"——这是我们需要警惕的大数据陷阱。

对小数据而言，恰好与大数据思维相反，小数据思维强调的是一种因果关系，关注的是"为什么"，侧重于通过有限的样本数据来剖析其中的内在机理。因此，这就是小数据的一种因果思维。大数据时代，在大批量的小决策上，相关性是很有用的，而在小批量的大决策上，因果关系是至关重要的。大数据相关思维与小数据因果思维结合，可以协助人们得到更广、更深的数据洞察，让人们更加透彻地了解事情的相关性及其内在原因。

（4）遗忘思维（小数据思维是适时遗忘，大数据思维是永久记忆）

过去，我们不断努力，希望我们的记忆能更加长久一些，尽力地延长我们的记忆时间，而大数据时代的到来，可以将记忆永久保存，这解决了人类过去延长记忆的问题，也给人们带来了新的困扰和难题。

自古以来，遗忘便是人们与生俱来的一种能力，又或者说是一种缺陷。于是，人们便千方百计地去提升自身的记忆力，记住自己身边乃至这个世界上所发生的一切。但是，人脑的记忆力终归是有限的，外部记忆成了人们拓展记忆力的另一条重要途径。从最初的结绳记事，到图片、文字和数字的发明，人类文明因为有了记忆的保存才得以延续。从绳结到现在的文字、声音、图片和视频的记录，人们可以说已经掌握了记忆的奥秘，可以记录下想要记录的一切。过犹不及似乎是一条非常实用的真理，在人们可以永久地、完全地、丝毫不差地记录下一切的时候，这真的是人们想要的吗？

超强的记忆并不代表我们将拥有超强的学习能力，在大量记忆下来的信息中，提取有效的信息，将其整理分析出有效的结果才是我们最终需要的学习能力。除了有效的信息外，剩下的信息垃圾我们就应当将其彻底遗忘，才不会对我们产生困扰和阻碍，因此，在大数据时代，如何提取有效信息并记忆，将大量的、无效的或者过时的信息删除并遗忘，是我们应当考虑的一大问题。

（二）一面了解我们内心的镜子

炙手可热的黑科技电视剧《黑镜》在第三季第一集中设计了一个以社交印象评分系统为核心的社会。故事设定在科技发达的未来时代，人们的眼睛中被植入了类似于隐形眼镜的装置，可以实现裸眼 AR 的效果。这个世界存在一个评分系统，当你和任何人产生任何社交行为后，都需要通过手中的终端系统为其评分。分数从 1~5，代表着你对这个人的印象，评分系统和各项社会福利挂钩。通常 4.5 分以上的人被认为是高分人群，他们可以享受到更多优先的社会资源，比如租房福利、机场快速通道、更优质的教育与医疗服务等。而低于 2.5 分的人，即使健康健全也会被看作异类，失去工作和住房，被整个社会体制抛弃。有观点认为，黑镜的这一设定不仅"把隐性的东西显性化"了，还在一定程度上诠释了征信机构的信用评分。

但是在黑镜的设定下，自我是由他人随意或认真地决定的，它只是让我们更加清晰地认识到人们对量化自我的认知已经非常深入了，甚至对此展开了更加深入的有关社会问题的思考，表明量化自我是未来趋势的所在。而在小数据的数据观下，量化自我只是基于个体行为，为个体提供数据服务，并不代表深层次的社会含义。当你打开滴滴出行、网易云音乐、新浪微博、淘宝客户端时，你都会或多或少地看到类似于出行指数等各式各样的积分，而这些积分其实只是我们被各类应用软件所量化的结果。作为个体的全部，我们还未完整地了解自我，或者说真正地了解数字背后的含义。

事实上，我们正在经历的，是一个能够将隐藏在内心的行为、偏好和感情逐步通过机器学习等技术进行"显性化"的过程。这一过程既是量化自我的过程，同样也是认清自我的过程。全球信息技术研究和顾问公司 Gartner 预测，随着情感人工智能日益成熟，个人设备 2022 年将比你的家人更了解你的情绪状态，它们正在产生多种颠覆性力量，重塑我们与自我的互动方式。Gartner 研究总监 Roberta Cozza 认为："情感 AI 系统（Emotion AI Systems）与情感计算（Affective Computing）正在赋予日常物品探测、分析、处理和回应人类感情和情绪的能力，由此提供更准确的场景信息以及更加个性化的体验。"

而随着第二波潮流的涌现，情感 AI 系统将为越来越多的客户带来更具体、更细化、更深入的场景体验，其中包括：深度快乐体验、深度悲伤体验、深度恐惧体验等。一旦情感 AI 系统渗透到这些深层次的场景体验中，人们将会通过这些个人设备提炼出更多关于自己内心的数据，这些数据会像一面镜子一样反映出我们真实的自我，从而让我们更加了解自己。

（三）个性化的选择与取舍

小数据思维是对个体进行个性特征的提炼，讲究的是个性化、定制化，但并非每个行业都适用小数据思维。比如一些大型企业为了追求生产效率，往往不喜欢定制化，如苹果公司的手机连内存都不让你加。这是因为不同行业因为其生产特点不同，不是所有产品都适用于个性化定制。智能手机虽然要求个性化，但手机的硬件更加标准化，因为这样能够最大限度地降低成本。在这个时候，我们也同样需要运用小数据思维，放弃对多余信息的使用。

但是让我们深入思考一下，人们本质上是喜欢定制化产品的，根本原因在于人们解决了生产效率的难题以后，个性化才是真正的目的。如今定制化应用最广泛的当属 3D 打印行业，3D 打印已经开始走进千家万户，满足人们个性化定制需求，实现万物互联、万物打印，让人们体验到创意变为现实的快乐。

当人们走进深圳市七号科技公司时，参观者都会被眼前琳琅满目、形状各异、色彩斑斓的各种 3D 打印产品所震撼。七号科技公司执行董事梁虹表示："万物万样，未来的世界是个性化的世界。"3D 打印技术与物联网技术、大数据、云计算、机器人、智能材料等其他先进技术结合，构成了一个智能产业生态系统。但更为重要的是，设计师可以将各种富有创新意义的设计放到数据库平台上，普通用户通过物联网技术可以自由选择需要的产品，然后在家里打印出来，从而实现万物互联、万物打印。

"这一平台可以为设计师、创客、3D 打印产品厂商、3D 打印服务提供商、学校、培训机构、家庭消费者提供 3D 打印设备、设计交易、材料及数据服务，并为个性化、小批量生产创造云制造环境，帮助设计师、创客将设计创意变现。"梁虹介绍。更多的产品，会借助个性化定制，向用户提供更多的个性化设计，这恰恰又是小数据思维运用与选择的最佳体现。

（四）从海量信息中突围

数据在信息发达时代并非稀缺因素，获取信息的渠道也越来越丰富，一个反思性的命题需要被认真对待：信息越多，真的越靠近真相吗？答案是否定的。互联网在产生大量信息的同时，也产生了前所未有的信息噪声，这会使人们更难以看清事物的真相。但是越来越多的新闻媒体平台开始运用小数据思维，从海量数据中提取出个性化的价值，使自身成为互联网时代下新闻媒体的佼佼者。

2014 年 4 月，三家国外媒体推出了各自的新网站，分别是 Vox

媒体旗下同名网站 Vox，ESPN 旗下的 FiveThirtyEight，以及《纽约时报》旗下的 TheUpshot。三个媒体网站推出时间点集中，且定位也基本一致：基于数据的力量，向读者解释各种复杂性事件。在这些新兴网站上，你可以清楚地看到诸如"美国中产阶级为何不再富有""民主党和共和党应对气候改变的分歧根源""网络中立背后的互联网未来之争"这样结合了热点和深度的选题。它们在还原复杂性事件的起因、结果和意义时，借助各种数据和动态图，加深读者对新闻事件的理解。

　　和过去的新闻报道相比，这类新兴的报道方式除了阐述"发生了什么"之外，它们更在意让读者了解"对我有什么影响"。就像 TheUpshot 主编 Leonhardt 所说："在报道了经济利好和不利的五个因素后，对读者真正有用的就是要告诉他们——哪个因素影响范围最大？经济环境到底是要变坏还是变好？"对媒体而言，它需要做的是利用新技术工具，将真正有助于解释事件的数据清晰地展示给读者。

　　今日头条，也是一个基于数据挖掘与提炼的新闻客户端。今日头条给你展现的是一个清晰的、极简的、个性化的、有生命力的获取资讯的工具，但它的实质是一个为用户推荐信息、提供联接人与信息的服务的产品。今日头条的核心在于兴趣算法，你喜欢什么，它就给你推荐什么，你爱看什么，它就给你看什么，让你不再淹没在浩瀚嘈杂、质量参差不齐的讯息当中。

　　上述可以看到，无论是国外的 Vox、FiveThirtyEight、TheUpshot，还是国内的今日头条，都是通过对小数据价值的提炼，对每条信息进行机器分类、摘要抽取、文本建模（LDA）主题分析、信息质量识别等处理，最终实现了数据到价值的转化。

（五）数据筛选如何才能更精确化

数据的收集是一个考验执行力的工作，而数据的筛选考验的则是思维和分析能力。在实际决策中我们遇到的小数据往往经过集群后再次变为巨大的数据量，所以为了保证我们的决策分析方法能够在收集数据的支持下得以实现，我们必须要对数据进行筛选与分辨，使解决方法简单化。但是我们又要保证筛选出来的数据具有代表性，使得到的结果更加准确与真实。

那么如何在这些纷繁复杂的信息中，辨别出有效和有用的信息，供自己分析和利用呢？毛泽东提供过一个有用且可行的方法：分清敌我矛盾和人民内部矛盾。是的，掌握理解事物的方法远比理解事物本身要高明！掌握数据筛选和辨别的方法远比收集数据更有意义。所以下面两个方法将会帮助你将收集到的数据资料更加精确化。

（1）角色互换，逆向思维。这是数据整理和筛选的关键点，也是数据的质量高低的看点，如何设置评定返利网站的参数可以通过角色互换来实现，需要特别注意的是其核心就是一份数据报表，既能让数据使用者看懂又能实现简单化。

（2）简要分析，锦上添花。为了让一份数据汇总表更加完美，需要我们在筛选出的数据下方备注简要说明，特别是至关重要的参数，这样就更加方便理解。

例如，桌上有一罐彩色口香糖，你没法看清罐子里的情况，你却想知道每种颜色的口香糖各有多少颗。此时我们就要换一种思维，为什么不去先看一看罐子里的情况呢？所以接下来你把一罐口香糖统统倒在桌子上，一颗颗数过去，便得到了准确的结果。

但是现实中我们不可能把所有数据都分析一遍，你每次只能抓一把，然后基于手里的口香糖去推测整个罐子的情况。这时候，我们就要把所抓取的这把口香糖的数量和颜色数据记录下来。然后通过这种方式，我们只需要几次的抓取，就可以通过方程式或建立数据模型将问题求解出来。

关键在于我们抓取数据的清晰度如何，这一把抓得越多，估计值就越接近整罐的情况，也就越容易猜测；相反，如果只能抓到一颗口香糖，那么你几乎就无法推测罐子里的情况。

三、读懂小数据逻辑

（一）小数据逻辑

"大数据"这个"大"字，到底是多大？如果说这个"大"字是一个形容词的话，那是不是还有"小数据""中数据""次大数据"……呢？其实大数据这个词的出现，并不是仅仅用来形容数据很大（当然，现在有各种 V 来解释大数据，现在都已经到了 11 个 V 了），下面我们引用鲍曼博士在《大数据主义》中关于大数据和小数据的比较，以帮我们真正读懂小数据逻辑。

大数据和小数据的不同包括以下 10 个方面：目标（Goals）、位置（Location）、数据结构和内容（Data Structure and Content）、数据准备（Data Preparation）、数据生命周期（Longevity）、衡量（Measurements）、可重复性（Reproducibility）、成本（Stakes）、内省（Introspection）和分析（Analysis），下面，我们对它们逐一进行解释。

（1）目标。大数据和小数据本身存在的目标是不一样的。小数据通常是为了回答特定的问题而存在，或者是为了满足特定的目标。也就是说，我们是为了解决特定的问题才去收集、分析、处理指定的、相关的数据，如果某些数据与我当前的目的无关，那么我就不会去管它。通常在收集这些数据之前，基本上都对数据的大致内容有所了解了，只不过是去收集具体的数据信息而已。就像我们在设计数据库的时候，字段名称、含义、约束条件，都固定了，在属性填入之前，基本上已经知道这个字段里面大致是什么内容，只不过以后是填入具体信息而已。

但是大数据不同，大数据收集的时候只是去考虑一个整体的目标，而这些目标可是很灵活的，针对这个目标，我们会提出各种各样的问题，所以没有人可以完全地说明大数据资源到底包含了些什么内容，因为一切可能都是没有被指定的。

（2）位置。小数据，一般都是存放或者被包含在一个机构中，通常存储在一台计算机中（或者是一个集群、一个局域网），有时候也存储在一个（或者多个）文件以及一个数据库（或者数据库集群）中。

而大数据通常遍及整个电子空间，只要有 IT 基础架构存在的地方，都有可能作为存放位置，它可能存放在地球的任何一个角落。

（3）数据结构和内容。小数据通常都是高度结构化的数据，数据域被限制在一个单一的学科或者分支学科中。这些数据往往来自统一的形式记录的、一个有序的电子表格中。

大数据就必须包含各种非结构化数据（如任意的文本文档、图像、视频、音频，甚至是物理实体）。这些资源的主题可以跨越多个学科，并在这些资源中，有各种以 URL（统一资源定位符）的方式关联到其他的各种看似不相关的大数据资源。

（4）数据准备。小数据在很多情况下，是由数据的使用者为自己的目的准备的数据。

大数据，有许多不同的来源，可能经过了许多人，准备数据的人基本上不是最终使用数据的人。

（5）数据生命周期。在小数据中，当相关的项目结束时，数据保留的时间很有限（传统的学术研究数据的寿命通常为七年），然后就被丢弃了。

在大数据项目中，数据通常会被永久性地存储。在理想的情况下，存储在大数据资源中的原始数据被吸收到另外一个资源中，这样它的生命周期才宣告结束。许多大数据的项目，都会延伸到未来和过去（包含和收集大量的传统数据，包含和累积各种前瞻性和回顾性的数据）。

（6）衡量。小数据的质量和结果，可以用一组经过试验的方案来进行测量，也就是说小数据的内容可以通过标准的方法来解析和读取，一般来说，都是通过一种标准的协议来进行的，也可以通过标准单位来进行表示。

大数据中，各种不同类型的数据提供了各种不同的电子格式，所以也要用不同的协议来进行解析。如何验证大数据的质量也是数据管理中最困难的任务之一。

（7）可重复性。小数据项目中，各种技术或者思想通常是可以重用的。比如，关于数据的质量检测方式、数据的重用性、数据的有效性验证、数据中得出结论，等等。而且整个项目也可以重复，从而产生新的数据集。

大数据项目的重用性很少有可行的。在大多数情况下，人们都希望在一个大数据中出现的错误被发现后，能够被标记出来。但是在大数据的情况下，就算一个项目在数据中发现了错误，也没有办法被标记出来，而下一个项目要使用这些数据进行分析，依然会出现这些错误。

（8）成本。小数据项目的成本和代价是有限的，如果发现了问题，无论是重新启动项目还是放弃，代价都有限。

但是大数据项目的成本和代价确实相当高昂。大数据项目的失败可能导致企业破产、体制崩溃和大规模的裁员，并且所有资源中的数据都可能突然解体。比如，2004 年至 2010 年，美国国立卫生研究院成立了高达 3.5 亿美元的大数据项目 "NCI 癌症生物信息网格"（NCI Cancer Biomedical Informatics Grid）。专家委员会审阅发现，尽管经过数百名研究人员和专家的努力，项目已经完成了部分，但是其代价极为高昂，之后只能被暂停，并且最终被终止。

（9）内省。小数据的各个数据坐标，都是用数据在电子表格和数据库中的行和列来定位的。如果知道行和列，那么就可以很容易地寻找到相应的所有数据。

在大数据中，除非数据的组织经过精心的设计，不然资源的内容和组织都会让人觉得高深莫测，甚至资源管理器本身都无法定位精确的数据信息。而对于数据组织内部信息的完全访问方式，可以通过一种称之为"内省"的技术来实现。

（10）分析。在小数据中，大多数情况下，整个项目中的数据，都可以一次性全部参与到分析中。

但是在大数据中，除了少数例外，比如，使用超级计算机，或者在多台计算机上同时进行，大数据通常是通过分布式的方式进行分析（如使用 Map Reduce）。这些数据会通过提取、评估、聚合、归一化、转换、可视化、诠释等不同的方法进行分析。

（二）为何"聪明"算法反误事？

对于大多数管理者来说，做预测是工作的一部分：HR 决定聘用人选，是预测谁工作最出色；营销人员选择分销渠道，是预测产品在哪里最好卖；风险投资人决定是否投资某家初创企业，是预测它能否成功。为做好种种商业预测，越来越多的企业现在求助于计算机算法——这种技术能以惊人的速度完成超大规模的分析过程。

虽然算法能让预测更准确，但也会带来风险，尤其是在我们不理解这些算法的情况下。诸如此类的例子不胜枚举。

Netflix 为了更精确地了解用户看电影的口味，曾拿出 100 万美元征集内容推荐算法，很多数据科学家组队参赛。然而，这种算法只在用户挑选 DVD 时能较为准确地推荐，随着 Netflix 的用户转向在线电影，其偏好与算法的预测结果就会出现偏离。

另一个例子是社交媒体。现在很多社交网站通过算法决定推送哪些广告和链接，如果设计算法时过于侧重点击量，"骗点击"的内容就会充斥网站。虽然点击量上升了，但整体用户满意度可能会直线下降。

上述问题的根源通常并非算法本身有漏洞，而是对算法使用不当。为避免犯错，管理者需首先了解算法的功能和局限：它能解决哪些问题，不能解决哪些问题。

（三）小数据应用是精细化运营的一种趋势

目前我们已经迈入了数据时代，企业在运营方式上相对应的已经发生了改变，它们正从最初的粗放式运营逐步向精细化运营过渡，而小数据应用更是成为精细化运营的一种趋势。

一方面随着互联网、媒体、用户、市场的变化，企业发现过去它们所做的粗放式运营已经不能有效地提升效率和增加企业用户了，所以，一些企业开始找寻新的运营方式，重新设定 KPI 指标，比如，逐渐转变为 CPM（每千人成本）化的精细化经营，通过这种小数据使用方式的改变来提升运营的效率，使企业广告投放效率尽可能地最大化。

另一方面对企业而言打造精细化运营的好处在于可以对目标用

户群体或者个体进行特征和画像的追踪与画像，通过小数据分析帮助企业分析用户在某个时间段内容的特征和习惯，最后让企业形成一种根据用户特性而打造的专属服务。

正因为如此，企业运营在数据时代，需要进行精细化运营才能更好地从管理、营销方面提升用户的服务体验，同时根据差异化的服务让运营更加精细化。

让我们看一个关于精细化运营的例子，某商城为了更好地提升运营效率，合理运用了小数据帮助其改善运营情况。首先该商城根据每个客户的自身属性进行用户属性分析，有效地进行消费者洞察，方便企业做出精准用户画像，这并不是什么所谓的大数据运用，相反它是将个体小数据进行量化后使用，然后根据分析出来的用户属性进行客群的划分，找到用户的价值和偏好等属性；再把用户和不同品牌、不同品类的产品进行差异化拼配，找到相关性（如图 12-1 所示）；最后根据这些做客流的引导，其实这就是一种小数据的运营手段。

在精细化运营的过程中，该商城准确地找到用户喜好和兴趣，然后根据所得结果进行精细化运营，提升了企业的运营效率和转化率。

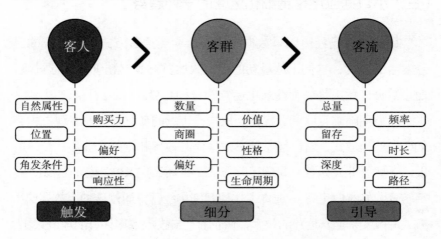

图 12-1　某商城精细化运营流程图

（四）利用小数据改善散客旅游者的旅游体验

小数据应用的范围非常广泛。例如，在旅游业中，由于现代社会经济的不断发展，人们的生活水平渐渐提高，出游的动机越来越强烈，更加希望去追求精神和心灵上的愉悦感。但人们已经不满足于现在的团队旅游，开始倾向于自由和个性化的出游方式。散客旅游在旅游市场上占的比重越来越大，世界旅游市场上，散客旅游已经成为主导力量，我国的旅游业也在由传统的团队旅游向散客旅游转变。散客旅游者追求个性化，对旅游企业与旅游景区有了更高的要求。

小数据以用户个性化为中心，能够对用户相关信息进行深度细分，对用户服务市场、对象和内容的定位更加精确。在旅游业中，在散客开始占据旅游市场主导地位的情况下，小数据主要是以散客旅游者，作为数据采集、处理、分析和决策的对象，小数据可以在大数据宏观分析决策的基础上，更加深入、更加细致地挖掘游客行为特征、旅游需求，为散客旅游者提供基于小数据的精准个性化旅游推送服务。

目前，国内的旅游企业和旅游景区已纷纷采用基于小数据的散客旅游者的个性化服务决策，它们通过对散客旅游者小数据的采集、价值提取、高速实时计算、分析与决策、决策结果的可视化表示等过程，提高旅游企业和旅游景区个性化服务模式构建和服务推送的有效性。

从小数据决策流程可以看到，小数据主要先通过网络和移动终端等进行小数据的采集，然后进行数据噪声过滤、数据处理与融合、数据分析与决策、散客旅游者个性化服务决策方案的展示，最后得到小数据支持下的个性化服务的提供与保障。

但是，小数据的应用也并非万能的，它与大数据一样，同样需要我们进一步增加学习、分类、辨析能力，做好数据可造性的验证工作。

四、掌握小数据的智慧

（一）大数据与小数据的智慧

古人云："圣人见微知著，睹始知终。"道家的一部重要著作《淮南子·说山训》中说："以小明大，见一叶落而知岁之将暮，睹瓶中之水而知天下之寒。"意思是说，看见一片落叶，就知道秋天来临；看到瓶中水结冰，就知道天气的寒冷程度，这是对见微知著的形象比喻。

在日常生活中，大家都会有一些不以为意的"小症状"和"小病征"，像怕冷、怕热、头晕、胃口不好、打嗝、睡觉打呼噜、瘙痒、局部淋巴结肿大等。这些看起来无关紧要的小病小痛很容易被人们忽略为一时的身体不适，尽管大多数情况下确实是这样，但是这些小症状也有可能是某些严重疾病的征兆，如果不小心对待、认真观察，对这些危险的征兆视而不见，就可能错过疾病的最佳诊断治疗期，造成严重的后果，后悔莫及。只有认清"来者不善"的小病痛，及时进行检查和就医，才能避免耽误病情而造成不良后果。可谓小事非小，须见微知著。

有一句俗语"小时偷针，大时偷金"，也叫"三岁看到老"，是说从一个小孩的言行举止就可以看到他长大后的品行个性，若小孩成长过程中出现一些不好的习惯，或者自控能力较低的不良行径，如小偷小摸、抢夺别人玩具占为己有等，可能在其未来也会出现类似的甚至更严重的行为。这句俗语目前也得到了科学家的证实。

据悉，有调查显示，凡是被检查出"自控能力"低于同龄孩子的 3 岁儿童，当他们成年时，一般在 32 岁左右的时候，往往会遇到健康上或者经济上的各种问题，甚至会走上犯罪的歧途。专家还强调，这些问题与孩子的情商、家庭背景等客观因素竟然毫无关系。

研究员通过针对调查新西兰出生于 1972~1973 年的 1000 名新生儿童数据后了解到，凡是被记载缺少容忍度、缺少毅力以及达到目标的持之以恒的态度或者凡事"做事不经过脑子"的儿童，在成长的过程中，特别是到年龄偏大的时候，会遇到很多健康上的问题，比如，高血压、体重过胖、呼吸问题以及性传播疾病。他们更容易受到诱惑，如香烟、酒精甚至毒品等，这些诱惑往往会引诱他们一步一步走向犯罪的深渊，调查显示，自控能力低的儿童在日后处理经济上会有问题，容易偏离方向。英国皇家学院的研究员泰瑞·莫菲特（Terrie Moffitt）博士称："社会赋予了儿童在自控能力、自我管理等方面的需要，这些能力与儿童的年龄无关。小时候怎么样，大了就会怎么样。我们的实验首次证明了有超强意志力的儿童会拥有一个相对比较健康和富足的成年时期的理论。"

"以小见大"就是从个别来表达一般或从局部来表达全体，在诗歌中以小见大的手法非常常见。如"缩龙代尺""尺水兴浪""滴水藏海""咫幅千里""以一当十""一点红现无边春""以数言而统万象""一粒沙里见世界""半瓣花上说人情"等，都是在十行百字内表现更为广阔繁多的社会生活，真可谓"戴着镣铐的舞蹈"，其诗意和难度都非比寻常。再如，佛教中的"一花一世界，一叶一菩提"，与诗歌有异曲同工之妙，从小处观大处，从细微观世界。

一般来说，对于大的现象与变化，人们往往是能够注意的；而对于小的现象与变化，却常常会忽视，这也许正是需要我们格外关注的。因此《淮南子·兵略训》中特地提醒道，"下至介鳞，上及羽毛，条修叶贯，万物百族，由本至末，莫不有序"。就是说，下到介虫、鳞虫，上到鸿毛、羽毛，像千枝万叶一样，都贯通联系着万物百族。从根本到末梢，都是有条理的。只有既注重大的方面，又不忽视小的方面，才能使自己立于不败之地。

客观世界中，事物间存在着千丝万缕的联系。改变了一个事物，必然也牵动了与之相关联的事物。其他被牵动的事物，改变了存在的方式，也留下了"蛛丝马迹"。

"见微知著"，就是要寻找深藏在"冰山"之下的"蛛丝马迹"，并以此发现事物的本质。

在获得大量资讯的基础上，必须要对这些资讯进行一番去伪存真的筛选，避免被假象和错觉迷惑了视线。接着对判断确定为真实的资讯，做由表及里、由此及彼、由明及暗的推理，把握问题的实质。否则也就难以达到"见微知著，见端知末"的境界。

聪明人见一叶可以知秋，愚钝者往往是因一叶而障目，其中的根本区别就在于是否具有从微小事物中把握大局的统御能力。小问题可能会带来大祸患，小变化可能引起大事件，如果你能从事物细微处窥见其特性和全貌，在其处于萌芽时期就能测知其将来的发展趋势，就可以说已经具备一种生活的大智慧了。

（二）星座到底靠不靠谱

2000多年前希腊的天文学家希巴克斯（Hipparchus，西元前190~120）为标示太阳在黄道上观行的位置，就将黄道带分成12个区段，以春分点为0°，自春分点（即黄道零度）算起，每隔30°为一宫，并以当时各宫内所包含的主要星座来命名，依次为：白羊、金牛、双子、巨蟹、狮子、室女（处女）、天秤、天蝎、人马（射手）、摩羯、宝瓶（水瓶）、双鱼，称之为黄道十二宫，总计为 12 个星群。在地球运转到每个等份（星群）时所出生的人，属于相应的星座，按占星理论来讲：不同的星座的人性格、心理及天赋存在差异。

第一个尝试对星座进行分析的是汉斯·艾森克（Hans Jürgen Eysenck，1916—1997 年）教授，现代人格科学理论的主要贡献者。他一生致力于量化人性中的某些因素，对于星座与性格的关系，他进行过有趣的实验。

艾森克人格调查表是著名的心理学量表，每个量表有 50 多个不同的描述，接受调查者需要给每一个描述选择"是"或者"否"。根据这些答案，能够分析出在"内向—外向"和"神经质"两个维度的人格特征。如果根据占星传说，12 个星座中有 6 个偏外向星座和 6 个偏内向星座。外向星座包括：白羊、双子、狮子、天秤、射手、水瓶。而内向星座则包括：金牛、巨蟹、处女、天蝎、摩羯、双鱼。

另外，三种土象星座的人（金牛、处女与摩羯）更能保持情绪稳定和心态平和，而三种水象星座的人（巨蟹、天蝎与双鱼）则相对更神经质一些，情绪和心态也更容易出现波动。

那么事实真的如此吗？艾森克决定做一个心理学实验。在被很多占星学家拒绝后，艾森克和英国著名的占星学家杰夫·梅奥联手做了一个人格调查。梅奥几年前开办了一个占星学院，有遍布全世界范围的学生。他们从中选了 2000 多人进行了调查，要求这些人提供自己的出生日期，并且完成艾森克的人格问卷。

结果让所有人大吃一惊！这些人的性格特征与星座的性格描述完全一致！

星座与外向有关的人在外向特质的得分的确要比其他人高一些；与土象星座的人相比，3 个水象星座的人在神经质上的得分也明显要高出一截。占星学期刊《现象》因此宣称，这些发现"可能是本世纪占星学上最为重要的进展"。

在占星学界一片欢呼声中，艾森克本人却开始怀疑，他突然意识到自己的样本选得有问题：他选择了一批对星座笃信不疑的人来做实验。这批人相当于已经被安装了一个关于"星座性格决定论"的心智模式，所以在他们的世界中，星座和性格就是相关的。

有了这个想法，艾森克做了下一个实验：实验的对象是 1000 名孩子，他们几乎不可能听说过性格与星座之间的关系。这一次，调查结果有了颠覆性的变化：孩子们在内向—外向和神经质两个特质上的得分跟他们的星座完全没有任何关联。

这个实验结果狠狠地打击了占星学界心理学家，原来被认为是"占星学的代言人和保护神"，却突然倒戈一击。对此，占星学界给出了他们自己的解释：这些孩子还没有成熟，还没有发展出他们星座赋予的性格。

针对这个解释，艾森克做了第三次实验：这一次他选择的调查对象是成年人。他们对占星学的了解程度深浅不一。调查发现，如果调查对象很清楚星座对性格有何影响，他们的问卷结果跟占星学传说就非常吻合。相反，如果调查对象对占星学没有太多了解，他们的问卷结果就跟占星学传说不那么一致了。

实验进行到这步，结论已相当明确：人们会因为对自己"星座性格"的相信，就慢慢发展成那样的性格。星座—性格的心智模式不仅让他们看到那样的世界，也让他们相信那就是自己的性格，然后按照那样的性格来生活，最后真正成为星座描述的人。简单来说：人们真的会变成自己觉得"应该成为"的人。

这个案例说明，通过 2000 人检验得出的数据结论并不一定比通过 1000 人检验得出的结论正确，因为我们在检验数据结论的同时，往往会加入一些主观因素的"小数据",由于小数据的加入,原本数据的预测结果就会出现不一样的变化。

(三)21点游戏的启示

把数据当作绝对真理来看是诱人的,因为我们把数值和事实联系在了一起。但在现实情况中,往往大部分数据是估算的,并不精确。分析师会研究一个样本,并据此预测整体的情况,但是这样的预测具有不确定性。很可能每天你都在做同样的事情,你会基于自己的知识和见闻来预测,而且大多数时候你能确定预测结果是正确的。但你真的全部正确吗?数据往往只是有根据的推测,即便当前你做出了最正确的选择,并不意味着所有的事实都会按照你的预测进行下去,最终结果你还是有可能输的。

在21点游戏中,有一名庄家和一名玩家,庄家给每个人发两张牌(其中一张面向下盖住),目的是让牌面总和尽可能接近21点,而不能超出。你可以选择继续要牌,或者停牌。有时候,你可以双倍下注,下注越多,赢得越多。如果点数超出21点,你就输了。如果没超出,轮到庄家要牌或停牌时,接近21点的赢。

根据游戏的设计,庄家的牌是后手,所以他更有优势。但是每当你要牌或者停牌的时候,你可以削弱庄家的优势。规则的设计是基于平均的情况,但每一个玩过21点的人都会对你说,每手牌都存在着不确定性。例如,假设你拿了一张5和一张6,总和是11点。庄家的明牌是6。根据数据推断,你再要一张牌100%不会爆掉,而且很有可能得到21点,而庄家很有可能在有一张明牌是6的情况下要牌直接爆掉。于是正常情况下你选择双倍下注,然后拿到一张9,总数是20点,情况很棒。

接下来庄家翻开他的暗牌,是10,总点数是16。哎哟,你的运气还不错。按照规则，庄家要想赢你必须继续要牌，而且有 35% 的概率庄家要牌会爆掉。庄家只有要到一张 5 的情况下你才会输，而此时你手中已经有一张 5 了，他要到 5 的概率不足 5%。

结果庄家要到了一张 3，总数 19 点，你大舒一口气。可是你忘了，庄家还没有到 21 点，你们可以继续要牌。你距 21 点只差 1，庄家距 21 点只差 2，在这种情况下你要牌爆掉的概率已经比庄家大了 1 倍。

于是你没有要牌，总数还是 20 点。你现在期望的是庄家要牌后有 83% 的概率直接爆掉。结果，庄家要到了一张 2。庄家总点数 21 点。你输了。

如果你没有双倍下注，相比刚才的选择，你只会输掉一半的钱。但是相比最正确的选择，只要你玩了这局游戏，其实你都是错误的。数字看上去是具体的和绝对的，但是估算却带来了不确定性。而在庄家做手脚的情况下，一切数据的预测都将没有意义。

（四）利用小数据进行数据可靠性验证

随着市场需求的牵引和要求不断地提高，数据可靠性验证和评价技术也在探索中不断发展、改进。市场对数据可靠性的需求越来越高，而高可靠数据的验证也越来越难。其难点在于：

（1）数据密度越来越高，对可靠性特征的把握难度大。

（2）数据更新迭代越来越快，用以借鉴的可靠性信息少。

（3）数据获取价格和试验费用越来越贵，成本上不允许获取大样本。

（4）数据使用周期越来越短，时间上不允许获取大样本。

基于这些难点，在数据可靠性验证中，用来验证可靠性的样本并不是很多，而市场对可靠性要求达到的指标却很高，这就更充分地说明数据可靠性验证的重要性。而在这种情况下，我们也可以利用小数据思维去提高数据可靠性检验的有效性。

一是我们可以在整体数据中加入更多的干扰，充分利用不断加入的小数据去测试整体数据结果的可靠性。

二是我们可以将小数据进行集群，在小数据样本的基础上拟合出更大的数据，帮助我们不断提高数据检测结果的有效性。

三是我们可以将小数据进行逆向使用，通过模拟一组与小数据完全相反或者完全错误的数据来检验整体模型的排异性。

四是在我们有条件的情况下可以将小数据进一步拆分，以检验整体模型结果的适配性。

五、成为小数据科学家

（一）人生也是一场小数据的积累

"数据"二字含义广泛，它不仅指阿拉伯数字，还泛指数据信息。数据已融入我们的生活，也改变着我们人生的道路。

英国 BBC 公司一档节目给出了一组"人生数据"：我们在 100 岁生日之前，会流出 145 公斤的唾液；为了成长，我们要花 3 年半的时间来吃东西，会排出 4 万公斤的尿液；为了养活自己及家人，我们平均要花费 8~10 年的时间坐在办公桌前工作；我们会认识差不多 2000 个人，选择大概 150 个人做朋友；除了躺在床上的 20 多年，需要花费两年半时间打电话，12 年时间看电视，12 年时间讲话，还要留两周时间品尝甜蜜的吻。

与此同时，人生的数据也在不断地积累，就像一场谈判，即使我们不需要与别人谈，有时对于自己也会有内心的一番挣扎，所以每个人的生活都是在不断的谈判中度过的。在谈判时，每个人的本能反应就是赢，尽最大努力让自己赢，且无论是在时间、空间、物质或是精神层面，总希望自己能够获得胜利。但是时间、资源都是有限的，只有在一定的时间内利用有限的资源达到自己的目标，才能称为有效的谈判。因此在每次谈判中，我们往往都需要做好先前阶段的准备工作，对小数据进行积累，查阅相关信息，掌握可靠翔实的资料，对对方的情况做一定的调查。有时我们又会因为时间紧迫来不及进行周密调查，而会尽可能收集有关谈判核心的材料，在关键问题上不轻易放弃。在一次又一次的人生谈判中，我们人生中的小数据也正被悄悄地积累起来。

那么在小数据被一点一点收集之后，我们如何发挥这些数据的作用呢？

（二）经验并非越多越好

我们通常认为，经验应该是越多越好，一个有经验的人总是能够在很多事情上做出正确的判断，因为经验使然。但事实上，我们发现，有时候经验越多，似乎越容易让人犯一些低级错误。

比如，在股票市场中，经验并不能实现所有预想的好处。有时候，丰富经验所带来的好处却被一些经济劣势或伤害抵消了，而且这些经验反而进一步限制了我们去解决这个问题，甚至出现一些比新手还低级的错误。

什么经验有时会使人犯低级错误呢？在这里，我们应该将其分为两种情况来看：一种是信息不对称，另一种则是逻辑错误。

当我们讨论信息的不对称时，首先要讲的就是经验。上述 21 点游戏就是一个典型的信息不对称的例子，我们的经验永远比不过庄家对底牌的了解。经验是对过去的度量，但不是所有经验信息的质量都很好。在经验的数据库里，肯定有一些信息是正确的，有一些是错误的。当经验中混有很多噪声干扰时，我们会跟着错误的经验做出判断。

逻辑错误更加致命，将一种看似正确但经过检验可证明其为错误的经验用于并不适宜的案例上，将会直接影响数据预测结果的正确性。

比如，当你在亚马逊上浏览和购物时，就会有很多书或者其他的商品推荐呈现在你面前。亚马逊没有读心术，但是它会利用你浏览和购买物品的倾向来搜索在它的资料中其他有类似喜好的买家。如果它定位到了一个人，它就会把那个买家买过的其他产品推荐给你，因为它假定你们买的共同的产品能反映出你们有共同的喜好。问题在于，这种信息推断是以概率为基础的。它错误地把个人和特定的喜好联结起来。当这种基于个人资料匹配的推断用于实践时，比如，当你买这个产品仅仅是为别人代买时，这种错误的逻辑推断所导致的结果就是一个扩大的数字版过失。

因此，无论我们多么相信自己对数据预测结果的准确性，仍需在每次实践后对数据及其可靠性进行重新验证。

（三）数据预测本质上是一种蝴蝶效应

现代数据之繁杂，任何一次数据估算都不可能完全看透、说清。同一个数据被很多人运用后，很多情况下得出的结论也都是各执己见，观点也千差万别相去甚远。即便是同一个人使用同一次数据进行预测，有时候得出的结果和做出的分析都能自相矛盾，这几乎成了一个普遍现象。某种意义上说，现代的数据估算，地球上还没有一个人能完全弄懂！

2010 年，英国气象局（UK Meteorological Office）科学家表示，

过去 10 年气温变化的速度，较 20 世纪 80 年代与 90 年代有所放缓。气象局气候科学主任维姬·蒲柏（Vicky Pope）坦言："变暖趋势仍然存在，但速度较以前有了放缓。"最可能的答案是自然变化——气候的随机波动，除此之外，太阳活动的周期性减弱、正迅速工业化的亚洲国家排放的悬浮颗粒污染物的人为制冷效果，也许起到了一定的作用。另外，蒲柏表示，"我们也许低估了真正的变暖速度。"新分析显示，日趋利用浮标测量的海平面温度，需要向上修正。英国气象局表示，在做出这种修正后，全球气温在过去 10 年上升了 0.08~0.16℃，长期变暖趋势是每 10 年 0.16℃。

据《参考消息》报道，英国气象局说，自 20 世纪 70 年代以来，全球气温上升了 0.16℃，但在过去 10 年里，气温只上升了 0.05℃。

根据哈德雷气候预测研究中心公布的数据显示，自 20 世纪 70 年代末期开始，地球表面温度每隔 10 年上升 0.16℃；在 2000 年至 2009 年之间，上述增幅降至 0.05~0.13℃，但同期的 CO_2 排放量却有所增加。目前科学家对于上述变化的起因还并不明确，但其表示大自然的变异性可能是气候变化的因素之一。与此同时，科学家表示平流层的水蒸气在过去 10 年中有所减少也可能是导致全球变暖"减速"的诱因，而专家表示另一可能原因在于来自亚洲地区的悬浮微粒排放量有所增加，空气中的悬浮微粒能够折射太阳光并对地球产生一定的冷却作用。德雷气候预测研究中心的科学家还表示尽管目前全球气候变暖的速率稍微有所放缓，但地球变暖仍将是全球气候变化的大势所趋。

2009 年，国际上有两条比较公认的全球温度序列：一条是英国 Hadley 中心从 1850 年以来的观测温度序列，另一条就是曼等人的"湿面条"温度序列。钱维宏研究组用观测序列做了分析，通过模型截取不同年代的数据，他们得出结论：1850~2008 年的温度长期趋势是每百年增温 0.44℃，1910~2008 年每百年增温 0.74℃，1976~2008 年每百年增温 1.70℃，但 1998~2008 年每百年降温 0.10℃。

对比可知，"1976~2008 年每百年增暖 1.70℃"和"自 20 世纪 70 年代末期开始地球表面温度每隔 10 年上升 0.16℃"大致相同。但是，近 10 年的变暖的速度却有四种不同的数据：1998~2008 年每百年降温 0.10℃；过去 10 年里气温只上升了 0.05℃；在 2000 年至 2009 年之间，上述增幅降至 0.05~0.13℃；在作出人工修正后，全球气温在过去 10 年上升了 0.08~0.16℃。

四种数据差距太大，其真实性和可靠性令人生疑。当然，这四种数据都表明一个明显的趋势——全球变暖。但遗憾的是，上述结论被实测数据——否定，全球变暖权威的可信度又变得岌岌可危。

所以预测模型的计算结果可靠吗？西方科学家已经多次修改了他们的预测模型，至今仍未得到实践的证明，相反，实际数据一次又一次地否定了他们的预测结果。

不过正因为现代数据的复杂性，加之各种能动因素的左右，甚至某个消息的传播、某个情绪的蔓延，都能导致相反的结果！蝴蝶效应大家都听说过，落在湖面的一片叶，花边震颤的一只蝶，都有可能带来太平洋上剧烈的风暴，这就是真相！所以，从某种意义上说，人类任何一个数据预测活动都有可能出现意想不到的结果！而我们要做的只能是宏观上的理解、大趋势上的分析。

（四）人人都可以成为一名出色的"数据科学家"

小数据无须复杂的算法、昂贵的硬件设备、高额的分析费用，任何组织、企业、个人都可以实现小数据的分析和管理。如果能够学会利用小数据的潜在价值，那么可以毫不夸张地说：人人都可以成为一名出色的"数据科学家"。

　　对于企业而言，利用小数据，我们可以综合预判企业所在行业发展的整体情况。然后分析企业自身的数据信息，可以发现自己的不足之处和明显优势。将行业的整体数据和企业自身数据进行对比，就可以帮助企业更加明确自身在行业中的欠缺，并及时去弥补，更重要的是可以帮助企业获得有价值的数据参考，并制定符合自身发展的商业决策。

　　例如，一家工业涂料制造商将重点放在深入研究单个用户和区域的差异性上，以给产品定价，因此该制造商放弃了原有的经典线性回归的分析方法，建立了稳定的价格弹性模型。通过利用其他的简单分析技术，该公司能够更加确定具体的领域来进行产品销售，从而制定了合理的定价和服务策略。该企业将目光转向了基于用户价值大小来定价的方法，在很大程度上保证了最有价值的用户能够享受到最高级别的服务。这种基于单个用户进行数据分析的方法，使该涂料制造商仅仅在一个地区的一个业务单元实施过程中，其销售额就较之前上升了4%。

　　该工业涂料制造商正是走的小数据分析的道路，通过深入分析单个用户的数据信息，获得单个用户的价值信息，通过价值的大小来为用户提供不同级别的服务决策。因此，企业能够更加轻松地留住用户，让用户为企业创造更加巨大的价值回报。企业的这些客观收益，也正是基于小数据制定商业决策所带来的结果。

参考文献

一、参考的相关书籍

［1］陈辉.金融科技：框架与实践［M］，北京：中国经济出版社，2018.

［2］陈辉.相互保险：开启保险新方式［M］，北京：中国经济出版社，2017.

［3］［美］纳西姆·尼古拉斯·塔勒布.黑天鹅：如何应对不可预知的未来［M］，北京：中信出版社，2008.

［4］［美］米歇尔·渥克.灰犀牛：如何应对大概率危机［M］，北京：中信出版社，2017.

［5］［美］纳西姆·尼古拉斯·塔勒布.随机漫步的傻瓜：发现市场和人生中的隐藏机遇［M］，北京：中信出版社，2012.

［6］［美］纳西姆·尼古拉斯·塔勒布.反脆弱：从不确定性中获益［M］，北京：中信出版社，2014.

［7］［英］维克托·迈尔·舍恩伯格.大数据时代［M］，杭州：浙江人民出版社，2012.

［8］徐勇等.寻找下一个独角兽：天使投资手册［M］，北京：机械工业出版社，2016.

［9］［美］克里斯·安德森.长尾理论［M］，北京：中信出版社，2006.

［10］［英］维克托·迈尔·舍恩伯格．删除：大数据取舍之道［M］，杭州：浙江人民出版社，2013．

［11］［美］马丁·林斯特龙．痛点：挖掘小数据满足用户需求［M］，北京：中信出版社，2017．

［12］涂子沛．数据之巅：大数据革命，历史、现实与未来［M］，北京：中信出版社，2014．

［13］［美］邱南森．数据之美：一本书学会可视化设计［M］，北京：中国人民大学出版社，2014．

［14］于久贺．小数据——玩转数据与精准营销［M］，北京：人民邮电出版社，2016．

［15］［美］马修·E．梅．精简：大数据时代的商业制胜法则［M］，北京：中信出版社，2013．

［16］天善智能．数据实践之美：31位大数据专家的方法、技术与思想［M］，北京：机械工业出版社，2017．

［17］屈泽中．大数据时代小数据分析［M］，北京：电子工业出版社，2015．

［18］［美］史蒂夫·洛尔．大数据主义［M］，北京：中信出版社，2015．

［19］李彦宏等．智能革命［M］，北京：中信出版社，2017．

［20］［美］克利福德·皮寇弗．数学之书［M］，重庆：重庆大学出版社，2015．

二、参考的相关网站

［1］百度网站，www.baidu.com

［2］谷歌网站，www.google.com

［3］新浪博客，http://blog.sina.com.cn

［4］百度百科网站，http://baike.baidu.com

［5］维基百科网站，http://zh.wikipedia.org

［6］国际研究数据库 www.lexis.com

［7］中国知网数据库 www. cnki.net/

［8］互联网资讯中心 http://www.199it.com/

［9］央财国际研究院网站 www.yangcai.org

［10］百度、谷歌等网站以及微信公众号发表的一些文献，不再详述